La Terra Piatta: Miti, Verità e Inganni di un Mondo che Non Vuole Girare

Un Viaggio Approfondito tra le Antiche Origini, le Prove Scientifiche, il Rinascimento del Terrapiattismo Moderno e le Sfide della Società Digitale — Come Capire, Rispondere e Affrontare il Fenomeno che Rimescola Convinzioni, Paure e Identità nel XXI Secolo

Miti della Terra

1. **Le origini antiche dell'idea di una Terra piatta**
(Civiltà antiche, miti cosmologici, modelli pre-scientifici del mondo)
2. **La rivoluzione scientifica e la sfericità della Terra**
(Eratostene, Copernico, Magellano, Newton – come è stata dimostrata la forma della Terra)
3. **Il ritorno della Terra piatta in epoca moderna**
(Flat Earth Society, revival nel XIX secolo, influenze religiose)
4. **Internet e il boom del terrapiattismo nel XXI secolo**
(YouTube, social media, algoritmi e camere dell'eco)
5. **Le teorie principali dei terrapiattisti**
(La cupola, l'Antartide come bordo, il Sole e la Luna a poche miglia di distanza)
6. **Le "prove" usate dai sostenitori della Terra piatta**
(Esperimenti amatoriali, osservazioni empiriche, citazioni decontestualizzate)
7. **La comunità terrapiattista: chi sono e cosa cercano**
(Profilo sociologico, psicologico e culturale)
8. **Debunking scientifico: risposte della scienza punto per punto**
(Curvatura terrestre, satelliti, GPS, foto dallo spazio, navigazione)
9. **Il ruolo della sfiducia nelle istituzioni e nella scienza**
(Cospirazionismo, autorità percepita, alienazione sociale)
10. **Il fascino delle teorie alternative e la psicologia del complotto**
(Bias cognitivi, bisogno di unicità, rifiuto del mainstream)

11. **Educazione scientifica e spirito critico: come rispondere**
(Scuola, divulgazione, ascolto attivo, confronto costruttivo)

12. **Oltre la Terra piatta: perché è importante parlarne davvero**
(Difesa del pensiero critico, libertà d'opinione vs. verità verificabile, conseguenze sociali)

1. Le origini antiche dell'idea di una Terra piatta (Civiltà antiche, miti cosmologici, modelli pre-scientifici del mondo

1. Le origini antiche dell'idea di una Terra piatta

(Civiltà antiche, miti cosmologici, modelli pre-scientifici del mondo)

L'idea che la Terra fosse piatta non nasce da un errore, ma da un'esperienza sensibile immediata. L'uomo antico osservava ciò che aveva davanti: un orizzonte piatto, il mare che sembrava terminare in una linea netta, il sole e la luna che si alzavano e tramontavano come se girassero attorno a una superficie stabile. In assenza di strumenti scientifici, la mente umana costruì cosmogonie coerenti... con ciò che vedeva.

Il mondo piatto dei Sumeri e dei Babilonesi

Nelle prime civiltà mesopotamiche, la Terra era concepita come un disco piatto sospeso nel nulla o sull'acqua. I Babilonesi immaginavano la Terra come una piattaforma galleggiante, coperta da una cupola (il "firmamento") dove si muovevano il sole, la luna e le stelle. Questa visione si ritrova anche nei testi sacri e nei miti: il cielo era una struttura solida, come una lastra di metallo, e al di sopra c'erano le acque superiori.

Egitto: la barca del Sole e il cielo a forma di dea

Gli antichi Egizi avevano una cosmologia poetica: la Terra era un corpo allungato, piatto, sostenuto dalla dea Nut che formava l'arco del cielo. Il sole, Ra, attraversava il cielo su una barca, e durante la notte viaggiava nel mondo sotterraneo. Anche qui, la Terra non è sferica, ma una superficie delimitata, ordinata, con direzioni cardinali sacre e precise.

India e cosmologia vedica

Nella cosmologia indiana antica, la Terra è piatta e poggia sul dorso di un elefante, che a sua volta si regge su una tartaruga gigantesca. Queste immagini mitologiche non erano intese come "spiegazioni fisiche", ma come rappresentazioni simboliche dell'ordine cosmico. Tuttavia, riflettono una concezione non sferica del pianeta.

La Bibbia e la cosmologia ebraica antica

Nel libro della Genesi, la creazione viene descritta in termini che richiamano la cosmologia babilonese: una volta celeste sopra la Terra, acque sopra e sotto il firmamento, stelle fissate nel cielo, e la Terra come base solida. Alcuni versetti suggeriscono che la Terra abbia "fondamenta" o "confini", concetti compatibili con un modello piatto e delimitato.

Grecia arcaica: la Terra come disco circolare

Anche nella Grecia pre-classica si credeva che la Terra fosse un disco piatto. Omero descrive Oceano come un fiume che circonda tutta la Terra. Solo con filosofi come Pitagora e, più tardi, Aristotele, si cominciò ad avanzare l'idea di una Terra sferica, basata su osservazioni empiriche come l'ombra della Terra sulla Luna durante le eclissi o il modo in cui le stelle cambiano con la latitudine.

Modelli pre-scientifici: esperienze, simboli e mappe sacre

In quasi tutte le culture antiche, il concetto di "Terra piatta" non era una teoria, ma un dato implicito nel modo in cui si viveva il mondo: lo spazio era delimitato, ordinato, spesso centrato attorno al tempio, alla città o alla montagna sacra. Le mappe antiche, come la Mappa di Babilonia (VI sec. a.C.), mostrano la Terra come un cerchio circondato da un oceano, con regioni mitiche ai confini.

Conclusione del punto 1 (aperta):

L'idea di una Terra piatta nasce dunque da un'esperienza visiva e simbolica, non da ignoranza. È figlia della sensibilità di epoche che cercavano di dare ordine all'universo visibile con gli strumenti che avevano: miti, simboli e osservazione diretta. Comprendere queste visioni non serve solo a "correggerle", ma a cogliere la profondità del pensiero umano, prima della scienza.

L'immagine della Terra piatta non va interpretata con lo sguardo dell'uomo moderno, che vive immerso in un mondo scientifico, tecnologico e satellitare, ma va compresa nel suo contesto: quello delle antiche civiltà, dove la conoscenza nasceva dall'esperienza sensibile, dalla narrazione orale e dalla simbologia religiosa. L'orizzonte era la misura dello spazio. L'occhio umano, osservando il mare, non vedeva curvatura; osservando il cielo, non percepiva profondità. Ogni cosa sembrava muoversi sopra o attorno a una superficie solida e orizzontale, e l'assenza di evidenze contrarie rendeva questo modello tanto naturale da non dover nemmeno essere spiegato.

Per i Sumeri, tra le più antiche civiltà urbane della storia, la Terra era un disco piatto chiamato *Ki*, sovrastato da un cielo solido chiamato *An*, che fungeva da volta celeste. Le acque primordiali, l'*Abzu*, circondavano ogni cosa e costituivano la matrice della creazione. I templi, spesso costruiti in forma di ziggurat, riflettevano questa cosmologia stratificata: base terrestre, regno umano, cielo degli dei, in una gerarchia simbolica che univa spazio fisico e potere divino. Non si trattava solo di geografia: la forma della Terra rifletteva anche l'ordine morale e spirituale del cosmo. In questa visione, i confini del mondo erano misteriosi, popolati da mostri, abissi e territori divini. Uscire dai confini noti significava rischiare di cadere nel caos primordiale.

Anche nell'antico Egitto la Terra non era mai vista come una sfera, ma come una superficie piana, sostenuta dalla divinità Geb, mentre il cielo era rappresentato dalla dea Nut, il cui corpo arcuato formava la volta celeste. Le gambe e le braccia di Nut toccavano i punti cardinali, e il suo ventre era percorso ogni giorno dal dio sole Ra, che navigava sulla sua barca sacra. La notte, Ra affrontava il viaggio nel Duat, il regno sotterraneo, dove combatteva le forze del caos prima di rinascere all'alba. Anche qui, la concezione dello spazio non era scientifica ma mitologica: ogni elemento naturale aveva una funzione sacra, ogni direzione era carica di significato.

La cosmologia vedica dell'antica India immaginava la Terra come una superficie piana divisa in "continenti" disposti attorno al monte Meru, l'asse centrale dell'universo. Questa montagna sacra era considerata il pilastro che reggeva il cielo e collegava i tre mondi: quello terrestre, quello celeste e quello infernale. La Terra era sorretta da animali cosmici: elefanti, serpenti e tartarughe. Queste immagini, spesso considerate primitive o fantastiche, erano invece elaborate rappresentazioni allegoriche del rapporto tra l'uomo e il cosmo. Il tempo e lo spazio non erano separati: la forma della Terra rifletteva cicli, riti, caste e leggi morali. La geografia era inseparabile dalla teologia.

Anche nella mitologia norrena, il mondo era piatto. La Terra, chiamata *Midgard*, era circondata da un oceano impetuoso e delimitata da un enorme serpente, Jörmungandr, che si mordeva la coda formando un anello eterno. Al di sopra della Terra si estendevano nove mondi, sostenuti dal frassino cosmico Yggdrasill. Questo albero univa cielo, terra e inferi, ed era il vero asse dell'universo. Le divinità abitavano in Asgard, in alto; gli uomini vivevano in Midgard; i giganti, gli spiriti e i morti si trovavano in regioni più oscure e marginali. Anche qui, la Terra piatta era solo una delle tante superfici dell'esistenza.

Nelle culture precolombiane, in particolare tra gli Aztechi e i Maya, la Terra era anch'essa una piattaforma centrale, spesso quadrata o a forma di croce, suddivisa in quattro direzioni cardinali, ciascuna con colori, divinità e significati propri. Al centro si ergeva il monte sacro o l'albero della vita, da cui tutto si originava. Il cielo era stratificato in diversi livelli abitati da divinità e antenati, mentre il mondo sotterraneo, il Mictlan, era un regno complesso e temibile. Questa cosmologia influenzava l'architettura, i riti sacrificali e il calendario, in un ciclo costante di distruzione e rinascita.

Persino la Cina antica, con la sua ricca filosofia naturalistica, considerava la Terra piatta. Il Cielo (*Tian*) era un'entità rotonda e infinita, mentre la Terra (*Di*) era piatta e quadrata. Questo modello influenzava non solo la cosmologia, ma anche l'ordine politico e sociale. L'imperatore era il "Figlio del Cielo" e il suo palazzo era il centro dell'universo. La città imperiale di Pechino, con la sua struttura simmetrica e orientata, rispecchiava perfettamente la visione di un mondo ordinato su base celeste. I cinesi credevano che il mondo conosciuto si estendesse in una vasta pianura delimitata da montagne e oceani, oltre i quali c'erano popoli barbari e terre ignote.

La Bibbia, come altri testi sacri del Vicino Oriente antico, riflette una cosmologia pre-scientifica della Terra piatta. In Genesi, Dio separa le acque superiori da quelle inferiori mediante un firmamento, una cupola solida chiamata *raqia*. Le stelle sono collocate in questa volta, che funge da tetto per la Terra. L'intera struttura richiama la visione babilonese: la Terra come un disco piatto sospeso sulle acque, racchiuso da un cielo solido. Passaggi come "i quattro angoli della Terra" o "le fondamenta della Terra" rafforzano quest'idea, sebbene molti teologi moderni interpretino questi elementi come metafore o immagini poetiche.

Anche nell'epoca classica greca, la Terra piatta era ancora il modello dominante. Talete di Mileto (VI sec. a.C.) sosteneva che la Terra fosse un disco che galleggiava sull'acqua. Anassimandro, suo contemporaneo, la concepiva come un cilindro sospeso nel vuoto. Solo con Pitagora si affacciò per la prima volta, in modo ipotetico, l'idea di una Terra sferica, fondata però su motivi filosofici ed estetici più che scientifici: la sfera era considerata la forma perfetta, e perciò degna del cosmo. Tuttavia, ci vollero secoli prima che questa concezione prendesse piede tra gli intellettuali.

Anche tra i filosofi naturalisti, l'idea di una Terra piatta rimase per lungo tempo dominante. Solo Aristotele (IV sec. a.C.) offrì prove empiriche a favore della sfericità terrestre: l'ombra curva della Terra durante un'eclissi lunare, la scomparsa graduale delle navi all'orizzonte, la variazione dell'altezza delle stelle con la latitudine. Eppure, la diffusione di queste idee fu lenta. La cultura popolare e religiosa, basata su tradizioni orali e simboliche, mantenne per secoli la concezione della Terra come piano orizzontale.

Nel mondo romano, l'idea della sfericità si consolidò tra i dotti, ma continuò a coesistere con rappresentazioni tradizionali e simboliche della Terra come superficie piatta. Persino nei mosaici, nelle mappe e nei trattati cosmologici, la Terra veniva spesso rappresentata come un cerchio circondato da oceani, con Gerusalemme, Roma o altri luoghi sacri al centro.

Il Medioevo europeo, lungi dall'essere un'epoca di oscurità assoluta, ereditò entrambe le visioni: da un lato la cosmologia aristotelica, con la Terra sferica al centro di un sistema geocentrico; dall'altro, la persistenza di immaginari biblici e mitologici in cui la Terra appariva ancora piatta. Le mappe "T-O" dell'alto medioevo raffiguravano il mondo come un cerchio diviso in tre parti – Asia, Europa e Africa – con Gerusalemme al centro e il tutto circondato da un grande oceano. Non erano mappe geografiche, ma strumenti spirituali e allegorici, che comunicavano un ordine simbolico, non una realtà fisica.

E mentre in alcune culture si andava lentamente affermando la concezione della Terra come sfera, in molte altre aree del mondo il modello piatto restava la norma, non per ignoranza, ma perché rispondeva perfettamente ai bisogni esistenziali e culturali di quelle società. Il mondo, in fondo, non era un oggetto da osservare da fuori, ma uno spazio vissuto da dentro.

Nel cuore delle credenze cosmologiche antiche, l'idea di una Terra piatta si manifesta non soltanto come un'ipotesi sulla forma del mondo, ma come una costruzione simbolica, politica e culturale, radicata nell'esperienza quotidiana e nei sistemi religiosi. Ogni civiltà tendeva a costruire una rappresentazione del cosmo che riflettesse i propri valori, le proprie gerarchie e le proprie percezioni del sacro. La piattezza della Terra, in questo contesto, non era un errore da correggere ma un modello funzionale, coerente con una visione del mondo ordinata, centrata, protetta e gerarchizzata. L'idea della Terra come piano delimitato, talvolta con confini reali e talvolta mitici, rispondeva al bisogno psicologico di definire ciò che è "interno" e "familiare" rispetto a ciò che è "esterno" e "caotico".

Nelle popolazioni aborigene australiane, ad esempio, le cosmologie non facevano uso del concetto di sfera o globo. Il territorio, sacro e delimitato, era l'universo stesso. Il "Dreamtime", il tempo del sogno, descriveva la creazione attraverso percorsi tracciati da antenati mitici che camminavano sulla superficie piatta della Terra, modellandola con i loro passi. Le storie del Dreamtime non avevano bisogno di una dimensione sferica, perché l'intero orizzonte percettibile era già sacro e totale. In queste culture, lo spazio non era misurato con strumenti, ma vissuto attraverso la memoria, la narrazione e i rituali.

Nelle isole del Pacifico, molte popolazioni antiche navigavano usando la stella polare, le correnti e le onde, ma non avevano bisogno di immaginare una Terra curva. Per i polinesiani, il mondo era composto da isole che emergevano da un oceano piatto. Le canzoni di navigazione raccontavano percorsi lineari tra punti conosciuti, e la nozione di spazio si fondava sulla continuità orizzontale. In mancanza di evidenze dirette di una curvatura, il mare sembrava un grande piano che poteva essere solcato in tutte le direzioni, ma che conservava sempre una prospettiva piatta e stabile. La mappa del mondo, per queste culture, non era disegnata, ma cantata.

L'idea di una Terra piatta si ritrova anche nelle culture indigene delle Americhe. Tra gli Inca, ad esempio, il concetto di *Pacha* univa il tempo e lo spazio in una visione circolare e stratificata. Esistevano diversi livelli cosmici: il mondo degli uomini (Kay Pacha), quello degli spiriti (Hanan Pacha), e quello sotterraneo (Uku Pacha). Sebbene la Terra non fosse esplicitamente descritta come piatta, la sua rappresentazione simbolica era fondata su una superficie orizzontale, dove i templi, le città e le montagne sacre tracciavano il disegno di una geografia mitica. Anche qui, ciò che importava non era la forma geometrica della Terra, ma la sua funzione come palcoscenico della vita e come luogo di collegamento tra gli spiriti e gli uomini.

Tra i popoli nativi del Nord America, come i Navajo o i Lakota, il mondo era immaginato come una grande pianura delimitata da montagne sacre ai quattro angoli cardinali. Il cerchio, simbolo di ciclicità e armonia, era la forma cosmica per eccellenza. La Terra piatta era il centro sacro, mentre il cielo era una cupola che proteggeva e ordinava la realtà. La connessione tra cielo e terra era garantita dai riti, dai canti, dai tamburi, che agivano come strumenti di sintonia tra il piano terrestre e le potenze celesti. Non si trattava di ignoranza astronomica, ma di una visione integrata, in cui la geografia era intessuta di spiritualità.

Anche nella cultura ebraica antica, oltre alla descrizione della Genesi, altri testi biblici e apocrifi mantengono una visione del mondo coerente con la Terra piatta. Nei Salmi, si parla della Terra come qualcosa che "non sarà mai smossa", come se fosse saldamente piantata su fondamenti. In Giobbe si accenna a un

Dio che "ha steso il cielo come un tendaggio" e che "ha disegnato un cerchio sulla faccia dell'abisso". Queste metafore, spesso poetiche, sono comunque aderenti alla visione babilonese del cosmo, in cui la volta celeste era un firmamento solido, sopra una Terra che galleggiava sull'oceano primordiale. Anche nel Libro di Enoch, un testo extracanonico ma diffuso in epoca antica, si trovano descrizioni dettagliate di un mondo piatto con confini precisi, regni celesti sovrapposti e porte nei cieli da cui uscivano i venti e le acque.

In molte culture africane tradizionali, la cosmologia della Terra piatta è stata implicita e mai messa in discussione. In alcune mitologie dell'Africa occidentale, la Terra è concepita come un disco sorretto da animali sacri o da spiriti ancestrali. Gli Yoruba, ad esempio, parlano di un'era primordiale in cui gli dei discesero su una distesa d'acqua e versarono della terra per creare il mondo solido, piatto e vivibile. In questa visione, il mondo non aveva bisogno di curvatura o di rotazione: era stabile, ordinato, e mantenuto dalla volontà degli spiriti. La stabilità della Terra era metafora della stabilità del clan, della legge e delle tradizioni.

In Giappone, nella mitologia shintoista, il mondo è creato da Izanagi e Izanami, che scendono su una piattaforma sospesa e gettano una lancia nell'oceano primordiale. Da quella lancia nasce la prima isola, e poi tutte le altre. Anche in questa narrazione, la Terra emerge come superficie solida dal caos liquido, un piano delimitato che si sviluppa orizzontalmente. Le isole, come corpi galleggianti, non implicano un globo ma un mondo segmentato, ordinato per confini naturali e culturali.

In molte tradizioni antiche, la Terra piatta era il "mondo dei vivi", mentre i mondi superiori o inferiori erano accessibili solo tramite percorsi verticali simbolici: alberi sacri, montagne, templi, piramidi, scale divine. La sfera, che oggi appare naturale, non era intuitiva né necessaria. Nessuna esperienza quotidiana offriva indizi evidenti per pensare a una curvatura, e la coerenza narrativa e simbolica della Terra piatta bastava a costruire un sistema funzionale, tramandato per generazioni.

La diffusione di questa idea non era omogenea ma sorprendentemente resistente. Anche in epoche più tarde, come nel mondo islamico medievale, molti autori continuavano a descrivere la Terra come piatta, sebbene già esistessero calcoli astronomici avanzati e modelli sferici. Per alcuni, si trattava di una scelta teologica; per altri, di una conservazione delle tradizioni. Alcuni commentatori del Corano interpretarono certi versetti in senso piatto; altri li reinterpretarono in chiave più simbolica o compatibile con la sfericità. Questo dimostra come l'idea di Terra piatta non fu semplicemente un errore superato, ma un paradigma culturale profondamente radicato, che ha resistito per millenni anche di fronte a evidenze contrarie.

Desideri che continui ancora ad ampliare questo punto con ulteriori riferimenti culturali, filosofici o religiosi da altre epoche e civiltà? Posso approfondire ulteriormente le rappresentazioni medievali, orientali, mitologiche e perfino moderne legate a questa visione antica.

Concludendo questo primo punto, possiamo affermare che l'idea della Terra piatta non nasce da ignoranza o da un errore ingenuo, ma da una lunga e articolata tradizione di modelli cosmologici coerenti con le esperienze sensibili, le necessità simboliche e le strutture culturali delle civiltà antiche. Essa è stata, a lungo, una verità vissuta, raccontata, trasmessa e ritualizzata. Ogni popolo, in assenza di strumenti tecnologici capaci di superare l'immediatezza della percezione, ha costruito un mondo piatto perché era ciò che appariva logico, stabile e funzionale alla comprensione del cosmo.

In questo contesto, la Terra piatta era molto più che una descrizione fisica: era una mappa dell'ordine cosmico, una rappresentazione del rapporto tra l'uomo, la natura e il divino. Spesso il piano terrestre costituiva il centro sacro dell'universo, attorno al quale si disponevano il cielo, l'aldilà, le sfere spirituali, con una gerarchia verticale che metteva l'uomo in dialogo con le potenze superiori e inferiori. Le montagne erano assi cosmici, i templi erano centri mondiali, le città capitali erano poste al cuore del mondo. Tutto questo presupponeva una Terra stabile, immobile, centrata: piatta.

Persino dopo che alcuni pensatori greci, come Pitagora, Parmenide e poi Aristotele, iniziarono a ipotizzare e dimostrare la sfericità terrestre, l'idea della Terra piatta continuò a sopravvivere in molte aree del mondo per motivi culturali, religiosi, politici e simbolici. Perché abbandonare un modello che funzionava, che spiegava il mondo e che dava senso al ruolo dell'uomo nell'universo? La resistenza al cambiamento cosmologico non fu mai soltanto scientifica: era legata al timore di sovvertire un ordine sacro, di spostare l'uomo dal centro, di minare la stabilità del conosciuto. Una Terra sferica e mobile era, per molti, una minaccia al significato stesso della vita.

L'evoluzione della scienza, pur fornendo strumenti sempre più precisi per comprendere la vera forma della Terra, non cancellò mai del tutto questo retaggio. Ancora oggi, in certe narrazioni pseudoscientifiche o alternative, l'idea della Terra piatta ritorna, come eco lontana ma affascinante di un tempo in cui l'uomo, al centro dell'universo, camminava su un mondo piano, sorretto dagli dèi e protetto da una cupola di stelle.

In definitiva, le origini antiche dell'idea di una Terra piatta ci parlano della necessità umana di comprendere e ordinare la realtà, prima ancora di misurarla. Sono il riflesso di un pensiero simbolico e integrato, in cui il mondo era percepito non solo con gli occhi, ma anche con la memoria, i miti, le liturgie e la sacralità del quotidiano. La Terra piatta, dunque, appartiene alla storia profonda del pensiero umano, e merita di essere compresa non come errore, ma come tappa fondamentale dell'immaginazione cosmica.

2. La rivoluzione scientifica e la sfericità della Terra (Eratostene, Copernico, Magellano, Newton – come è stata dimostrata la forma della Terra)

Con l'avanzare del pensiero razionale e delle prime osservazioni sistematiche, la visione del mondo iniziò lentamente a trasformarsi. Sebbene l'idea della sfericità terrestre fosse già stata proposta da alcuni filosofi greci nel VI e V secolo a.C., fu con Eratostene di Cirene, nel III secolo a.C., che questa ipotesi trovò una delle sue prime dimostrazioni empiriche. Eratostene, bibliotecario di Alessandria, osservò un fenomeno semplice ma potentissimo: a Siene (l'odierna Assuan), durante il solstizio d'estate, il Sole era allo zenit e illuminava il fondo dei pozzi, mentre ad Alessandria, che si trovava più a nord, il Sole formava un'ombra. Misurando l'angolo dell'ombra e conoscendo la distanza tra le due città, Eratostene calcolò con sorprendente precisione la circonferenza della Terra, ottenendo un valore molto vicino a quello reale. Non si trattava più di un'intuizione filosofica, ma di una dimostrazione geometrica basata sull'osservazione della realtà.

La consapevolezza della forma sferica della Terra, però, non si impose ovunque né immediatamente. Anche nei secoli successivi, in epoca romana e medievale, coesistevano diverse concezioni, e la sfera terrestre rimaneva una nozione ristretta ai circoli colti, ai filosofi naturali, ai matematici e agli astronomi. I testi di Tolomeo, con la loro descrizione di un cosmo geocentrico, influenzarono per oltre mille anni la comprensione della struttura dell'universo. In quel modello, la Terra era già sferica ma immobile al centro, circondata da sfere concentriche in cui ruotavano i pianeti e le stelle fisse.

Con l'inizio dell'età delle esplorazioni, tra il XV e il XVI secolo, la sfericità terrestre cominciò a ricevere conferme sempre più evidenti attraverso la navigazione. L'impresa di Ferdinando Magellano e del suo equipaggio fu una pietra miliare: partiti dalla Spagna nel 1519, riuscirono a circumnavigare il globo, dimostrando con un viaggio concreto ciò che prima era solo una teoria. Sebbene Magellano morì nelle Filippine, il ritorno della nave *Victoria* nel 1522 completò la prova geografica che la Terra non era un piano con confini, ma un globo continuo e navigabile. Il giorno "perso" nel calendario dai marinai al loro ritorno fu un ulteriore segno della rotazione terrestre e della sua forma sferica.

Parallelamente, sul piano teorico, si faceva strada una rivoluzione concettuale che avrebbe trasformato non solo la percezione della Terra, ma l'intera struttura dell'universo conosciuto. Nicola Copernico, nel 1543, pubblicò il *De revolutionibus orbium coelestium*, in cui propose il modello eliocentrico: non era più la Terra il centro dell'universo, ma il Sole. Questa visione ribaltava l'intera cosmologia tolemaica e, pur mantenendo la sfericità terrestre, la poneva in movimento, rompendo con secoli di convinzioni religiose e filosofiche. La Terra non era più il centro immobile del cosmo, ma un pianeta come gli altri, che ruotava su se stesso e intorno al Sole.

Le prove a sostegno del nuovo modello non tardarono. Galileo Galilei, usando il telescopio, osservò le fasi di Venere e i satelliti di Giove, fenomeni incompatibili con il geocentrismo ma perfettamente spiegabili in chiave copernicana. Galileo sostenne con forza la visione eliocentrica e, pur entrando in conflitto con la Chiesa, contribuì in modo decisivo alla diffusione del nuovo paradigma. Le sue osservazioni rafforzarono l'idea che la Terra fosse non solo sferica, ma parte integrante di un universo regolato da leggi naturali e non da dogmi immutabili.

Nel frattempo, Isaac Newton completava la rivoluzione scientifica con la formulazione della legge di gravitazione universale. Secondo Newton, ogni corpo esercita una forza attrattiva su ogni altro corpo, proporzionale alla loro massa e inversamente proporzionale al quadrato della distanza. Questa legge non solo spiegava i moti planetari, ma anche la forma della

Terra. Newton dimostrò che, a causa della rotazione terrestre, la Terra non è perfettamente sferica, ma leggermente schiacciata ai poli e rigonfia all'equatore: un geoide. Questo perfezionamento rappresentava l'evoluzione di un'idea già affermata, confermando che la sfericità della Terra era un dato di fatto scientifico, misurabile, calcolabile, predicibile.

Nel campo della cartografia, queste nuove scoperte si tradussero in mappe sempre più accurate. Le proiezioni cartografiche, come quelle di Mercatore, furono create per tenere conto della sfericità terrestre pur proiettandola su superfici piane. Anche l'arte della navigazione divenne sempre più precisa grazie allo sviluppo della trigonometria sferica, della determinazione della latitudine e longitudine, e della misurazione dell'altezza delle stelle.

La rivoluzione scientifica, dunque, non si limitò a spostare la Terra dal centro dell'universo, ma mutò radicalmente il modo in cui l'uomo concepiva se stesso rispetto al cosmo. Le vecchie mappe circolari del mondo furono sostituite da globi e modelli tridimensionali. La conoscenza umana passava dal mito alla misurazione, dall'intuizione al calcolo, dalla narrazione alla dimostrazione. Le spedizioni, le osservazioni astronomiche e le formulazioni matematiche convergevano tutte verso una nuova comprensione: la Terra era un corpo celeste, curvo, dinamico, e inserito in una rete di forze invisibili, ma intelligibili.

Dopo Newton, le prove sulla sfericità della Terra continuarono ad accumularsi in maniera sempre più diversificata, coinvolgendo una gamma sempre più ampia di discipline, strumenti e metodi sperimentali. Tra le testimonianze più eloquenti e visibili, vi furono le osservazioni delle navi che scomparivano all'orizzonte con la chiglia prima dell'albero. Questo fenomeno, che era già stato notato dai navigatori antichi, venne impiegato sistematicamente per argomentare la curvatura del globo. In un mondo piatto, l'intera nave dovrebbe rimpicciolirsi uniformemente man mano che si allontana; su una superficie curva, invece, scompare progressivamente dalla base verso l'alto. Questo effetto è ancora oggi visibile con un binocolo osservando il mare aperto da un porto.

A partire dal XVII secolo, la misurazione precisa della gravità terrestre in diversi punti del globo cominciò a rivelare anomalie che si spiegavano soltanto ipotizzando una forma ellissoidale piuttosto che perfettamente sferica. La gravità risultava leggermente più intensa ai poli rispetto all'equatore, coerentemente con il modello newtoniano di una Terra oblata a causa della rotazione. Le spedizioni geodetiche francesi in Perù e in Lapponia, condotte da scienziati come Pierre Bouguer e Charles Marie de La Condamine, furono espressamente organizzate per confrontare la lunghezza di un grado di latitudine in diverse parti del mondo. Le misurazioni dimostrarono che un grado era più lungo nei pressi dei poli, confermando sperimentalmente lo schiacciamento polare.

Un altro segno indiretto ma inequivocabile della sfericità terrestre emerse dall'osservazione del cielo stellato. Le costellazioni visibili cambiano a seconda della latitudine: viaggiando verso sud, stelle che prima erano invisibili appaiono sopra l'orizzonte, mentre altre scompaiono progressivamente verso nord. Se la Terra fosse piatta, il cielo dovrebbe rimanere identico a qualsiasi latitudine. Questo comportamento delle stelle è spiegabile solo ipotizzando che l'osservatore si stia muovendo lungo la superficie di una sfera. Anche i movimenti apparenti del Sole e delle ombre durante le eclissi solari e lunari supportavano da secoli questo modello: durante un'eclissi lunare, l'ombra proiettata dalla Terra sulla Luna è sempre curva, segno che solo una sfera può generare un'ombra rotonda in ogni direzione.

Nel XIX secolo, con l'invenzione del pendolo di Foucault, fu introdotta una dimostrazione fisica diretta della rotazione terrestre. Il pendolo, libero di oscillare in tutte le direzioni, mostrava una rotazione apparente del piano di oscillazione che variava a seconda della latitudine. Questo esperimento, effettuato per la prima volta nel 1851 nel Pantheon di Parigi, fu una dimostrazione intuitiva e visuale del fatto che la Terra non solo è sferica ma anche in rotazione su se stessa. Il comportamento del pendolo dipendeva dalla curvatura e dal movimento del pianeta e offriva un'ulteriore conferma di modelli già consolidati da secoli.

Con l'era moderna e l'arrivo dei voli aerei e della tecnologia spaziale, la sfericità della Terra smise definitivamente di essere un concetto astratto. Le rotte di volo intercontinentali, ad esempio, seguono traiettorie curve note come "archi di cerchio massimo", che sono il percorso più breve su una superficie sferica tra due punti. Questo spiega perché i voli tra l'Europa e l'America del Nord spesso attraversano il nord dell'Atlantico piuttosto che procedere in linea retta apparente sulle mappe. Le rotte sono pianificate tenendo conto della curvatura terrestre, che risulta cruciale per risparmiare carburante e tempo.

Un altro aspetto fondamentale fu lo sviluppo delle tecniche di triangolazione geodetica, grazie alle quali fu possibile mappare l'intero globo con grande precisione. Queste tecniche, basate su una successione di misurazioni angolari tra punti lontani, sarebbero inutilizzabili se la Terra non fosse curva, perché le discrepanze tra i dati non si potrebbero mai correggere. Il successo della cartografia moderna, con mappe che rappresentano continenti e oceani in scala coerente, è possibile solo perché la geometria terrestre è ben compresa e incorporata nei modelli utilizzati.

L'avvento dei satelliti artificiali, infine, portò una rivoluzione definitiva nella percezione della forma della Terra. I primi satelliti, come lo Sputnik 1 nel 1957, confermarono la curvatura terrestre semplicemente osservando che erano in grado di orbitare attorno a un corpo sferico. Le immagini trasmesse dai satelliti meteo e scientifici, come quelle del programma Landsat o i satelliti geostazionari, mostrarono una Terra rotonda vista dallo spazio, completamente visibile in un unico scatto. La famosa fotografia "Blue Marble" scattata dagli astronauti dell'Apollo 17 nel 1972 divenne un'icona globale: per la prima volta l'umanità poteva contemplare il proprio pianeta come una sfera sospesa nel vuoto, azzurra, curva, fragile e indivisibile.

Anche l'uso del sistema GPS (Global Positioning System) si basa interamente sull'ipotesi della sfericità terrestre. I segnali inviati dai satelliti in orbita devono tener conto della curvatura della Terra per determinare la posizione esatta di un ricevitore sulla superficie. Senza un modello geodetico accurato, le coordinate fornite dai dispositivi GPS avrebbero errori sistematici enormi. I segnali devono infatti attraversare l'atmosfera e correggersi in base alla posizione curvata del pianeta, operazioni impossibili se la Terra fosse piatta.

Nel proseguire l'analisi dettagliata di come la rivoluzione scientifica e le scoperte successive abbiano dimostrato in maniera inequivocabile la sfericità della Terra, emergono altri ambiti di osservazione che hanno contribuito, ciascuno in modo autonomo e complementare, a rafforzare questa verità fisica. Uno di questi riguarda il fenomeno dei fusi orari. La semplice constatazione che in luoghi diversi della Terra l'alba e il tramonto non avvengono contemporaneamente ha implicazioni profonde sulla forma del pianeta. Se la Terra fosse piatta e ricevesse la luce del Sole in modo uniforme, non ci sarebbero variazioni locali nel tempo. Invece, la necessità di dividere il globo in ventiquattro fusi orari nasce proprio dal fatto che la luce solare colpisce diverse parti della superficie curva in momenti differenti durante la rotazione terrestre. L'esistenza del giorno e della notte in aree opposte del pianeta, al medesimo istante, è un'ulteriore manifestazione della sua forma sferica.

Un altro aspetto rilevante è rappresentato dalle eclissi, specialmente quelle lunari. Durante un'eclissi lunare, la Terra si interpone tra il Sole e la Luna, proiettando la propria ombra sul satellite. L'ombra terrestre proiettata sulla Luna ha sempre una forma curva e regolare, indipendentemente dall'angolazione. Questo non sarebbe possibile se la Terra avesse un bordo piatto o irregolare. Aristotele fu tra i primi a citare questo fenomeno come prova della forma sferica della Terra. La regolarità dell'ombra, visibile a occhio nudo durante questi eventi, è un argomento che non richiede strumenti sofisticati per essere compreso, ed è accessibile all'esperienza comune di chiunque abbia osservato un'eclissi lunare.

Le prove ottiche e geometriche si estendono anche all'ambito della navigazione satellitare e spaziale. I razzi lanciati dalla superficie terrestre seguono una traiettoria curvilinea, una parabola che tiene conto della rotazione e della curvatura del pianeta. I calcoli balistici, usati anche in ambito militare, assumono sempre una Terra sferica perché altrimenti non sarebbe possibile predire con accuratezza la traiettoria di missili a lunga gittata o dei satelliti stessi. Qualsiasi errore nella comprensione della forma terrestre si tradurrebbe in errori di navigazione, impatti mancati, e malfunzionamenti delle orbite satellitari. L'intera tecnologia moderna che ruota attorno allo spazio dipende dalla precisione con cui modelliamo la Terra come sfera oblata.

Inoltre, la geodesia moderna ha raffinato la comprensione della forma terrestre grazie a tecnologie avanzate come il radar ad apertura sintetica (SAR), i sistemi di posizionamento differenziale e le misure altimetriche satellitari. Questi strumenti, usati per determinare la topografia terrestre con estrema precisione, permettono di rilevare persino variazioni millimetriche nella superficie del pianeta. Il livello medio del mare, le altezze delle montagne, e le profondità oceaniche sono tutti riferiti a un modello sferico-ellissoidale. Queste misurazioni, aggiornate continuamente tramite satelliti come il GRACE o il Jason, confermano non solo la curvatura terrestre, ma anche le sue irregolarità locali dovute alla distribuzione non uniforme della massa.

L'osservazione della curvatura terrestre è oggi alla portata anche degli aerei commerciali. I piloti di voli ad alta quota e i passeggeri seduti vicino ai finestrini dei voli transcontinentali possono notare la curvatura dell'orizzonte, specialmente quando si viaggia a quote superiori agli 11.000 metri. Le fotografie scattate da palloni aerostatici amatoriali, che salgono fino alla stratosfera, mostrano una linea dell'orizzonte curva, visibile anche senza lenti grandangolari. Questi esperimenti, condotti da scuole, università e appassionati, offrono una verifica diretta alla portata di comunità educative e non richiedono strumenti spaziali o tecnologie riservate a enti governativi.

In ambito astronomico, la parallasse stellare fornisce un'altra prova indiretta ma fondamentale. Quando la Terra orbita attorno al Sole, gli astronomi osservano un leggero spostamento nella posizione apparente delle stelle vicine rispetto a quelle lontane, in base alla posizione della Terra sull'ellisse orbitale. Questo effetto di parallasse è misurabile e usato per calcolare le distanze stellari. Se la Terra non si muovesse nello spazio lungo un'orbita curva e se non avesse una forma coerente con il moto orbitale, questo fenomeno non esisterebbe. La misurazione della parallasse è oggi un pilastro dell'astronomia osservativa.

Anche l'osservazione di altri corpi celesti offre argomenti a favore della sfericità terrestre. Tutti i pianeti osservabili con i telescopi – Marte, Giove, Saturno, Venere – appaiono rotondi e in rotazione. I loro dischi presentano fasi, rotazioni, e ombre coerenti con un corpo sferico. La coerenza di questo comportamento tra i vari pianeti rende implausibile che la Terra sia radicalmente diversa dagli altri corpi celesti. L'idea che un solo pianeta tra miliardi presenti una geometria completamente differente risulta priva di fondamento dal punto di vista astronomico e probabilistico.

Posso proseguire ancora su altri fronti, come i cablaggi intercontinentali, i movimenti sismici e la propagazione delle onde, oppure passare al prossimo punto della struttura del libro.

Vuoi che continui ancora su questo tema oppure preferisci andare avanti?

Oltre alle dimostrazioni storiche e ai modelli scientifici consolidati, esistono innumerevoli evidenze concrete e quotidiane che confermano la sfericità della Terra, anche in ambiti apparentemente lontani dalla scienza pura. Uno degli esempi più eloquenti viene dal modo in cui operano le comunicazioni via satellite. I satelliti geostazionari, per esempio, sono posizionati a circa 35.786 km sopra l'equatore e orbitano a una velocità angolare pari a quella della rotazione terrestre, rimanendo quindi "fermi" rispetto a un punto specifico della superficie. Se la Terra fosse piatta, questi satelliti non potrebbero mantenere una posizione fissa nel cielo, né coprire aree curve con precisione, e la ricezione di segnali da televisioni, GPS, telefoni satellitari e connessioni internet non sarebbe né stabile né globale. Il fatto che un'antenna satellitare installata in Europa debba puntare in una precisa direzione inclinata verso il cielo per ricevere il segnale da un satellite in orbita sopra l'equatore è possibile solo perché la Terra ha una forma sferica.

Anche la propagazione delle onde radio è influenzata dalla curvatura terrestre. Onde a bassa frequenza possono "seguire" la superficie terrestre per migliaia di chilometri, perché sono soggette a diffrazione e riflessione nell'atmosfera, ma hanno comunque limiti legati alla curvatura. Le onde ad alta frequenza, invece, sono vincolate alla linea di vista: non possono superare l'orizzonte a causa della curvatura, e proprio per questo motivo le stazioni di trasmissione devono essere posizionate in modo strategico oppure supportate da satelliti. Questo vincolo tecnologico è una conferma operativa della rotondità del pianeta, visibile nella necessità di costruire torri radio e ripetitori in modo da "vedersi" a distanza, cosa che su un piano infinito non avrebbe senso.

La curvatura terrestre è rilevante anche per l'ingegneria civile. Nella costruzione di grandi ponti o viadotti, come il Lake

Pontchartrain Causeway negli Stati Uniti o il ponte Danyang–Kunshan in Cina, gli ingegneri devono tener conto della curvatura della Terra nel progettare le fondamenta e la linea di percorrenza. Su grandi distanze, infatti, il livello del suolo non può essere considerato piatto, e un approccio che ignori la sfericità comporterebbe errori strutturali. Per esempio, in un ponte lungo più di dieci chilometri, se si cercasse di costruire una struttura perfettamente diritta senza correggere la curvatura, la sua altezza rispetto alla superficie marina centrale sarebbe diversa rispetto alle estremità, causando instabilità e potenziali sollecitazioni anomale.

Nel settore navale e aeronautico, le mappe proiettate su due dimensioni devono continuamente affrontare il problema della rappresentazione di un globo tridimensionale. Le proiezioni cartografiche, come la Mercatore, la Lambert o la proiezione di Winkel Tripel, sono metodi matematici creati per trasformare la superficie sferica terrestre in una mappa piana, ognuna con specifici vantaggi e distorsioni. Queste tecniche non esisterebbero se la Terra fosse piatta. La sola esistenza di un problema di "proiezione" implica che il globo debba essere adattato e compresso su una superficie bidimensionale, sacrificando precisione in scala, area o distanza. Il fatto che i navigatori e i piloti debbano conoscere le distorsioni cartografiche e usare strumenti correttivi per navigare efficacemente è una conferma indiretta, ma assolutamente concreta, della rotondità terrestre.

Anche l'idrografia fornisce contributi importanti: il modo in cui l'acqua si distribuisce sulla superficie del pianeta segue le regole della gravità e della geometria sferica. I livelli del mare, calcolati rispetto a un geoide che rappresenta il campo gravitazionale terrestre medio, mostrano variazioni coerenti con un corpo sferico e rotante. L'acqua "troverebbe" un bordo e si accumulerebbe lungo i margini se la Terra fosse piatta, o al minimo mostrerebbe dinamiche completamente diverse. In realtà, il comportamento delle maree, delle correnti oceaniche e dei venti globali è compatibile solo con un modello tridimensionale in rotazione, dove la forza di Coriolis, derivante dal moto rotatorio del pianeta, influenza i percorsi dei fluidi e crea i grandi vortici atmosferici e marini che conosciamo.

La navigazione moderna, sia marittima che aerea, conferma costantemente la curvatura terrestre. Le rotte aeree che attraversano il Polo Nord tra Europa, Asia e America del Nord sembrano curvilinee sulle mappe piatte, ma in realtà seguono la via più breve su una sfera: la rotta ortodromica. Le compagnie aeree scelgono questi percorsi non per convenzione, ma per efficienza, sicurezza e risparmio di carburante, e l'analisi di questi dati di volo è pubblica, consultabile e verificabile in tempo reale attraverso siti che mostrano la posizione dei voli in movimento. Se la Terra fosse piatta, questi percorsi risulterebbero illogici e svantaggiosi.

Anche la cinematica e l'osservazione dei satelliti artificiali forniscono dimostrazioni quotidiane. Le persone possono osservare a occhio nudo la Stazione Spaziale Internazionale mentre attraversa il cielo notturno come un punto luminoso in movimento. La sua orbita, i tempi di passaggio e le traiettorie sono calcolabili con una precisione tale che milioni di utenti in tutto il mondo riescono a prevedere con esattezza l'orario e la direzione in cui guardare. Questo è possibile solo perché la Terra è un globo attorno a cui l'ISS orbita ogni 90 minuti circa, seguendo una traiettoria che cambia continuamente rispetto alla superficie sottostante. Se il pianeta fosse piatto, l'orbita stessa dell'ISS sarebbe impossibile da definire come oggi la conosciamo.

La sfericità della Terra non è un'ipotesi teorica o un costrutto ideologico, ma una realtà fisica solidamente dimostrata da una molteplicità di osservazioni, calcoli, esperienze empiriche e tecnologie applicate che si intrecciano tra scienza, ingegneria, esplorazione e vita quotidiana. A partire dalle intuizioni intuitive e geometriche dell'antichità, come quelle di Eratostene e

Aristotele, passando per le conferme pratiche dei viaggi di Magellano e per le rivoluzioni concettuali introdotte da Copernico e Newton, fino ad arrivare agli strumenti avanzati della geodesia satellitare, della navigazione globale e delle missioni spaziali, ogni epoca ha portato il proprio contributo a un quadro sempre più coerente e solido della forma del nostro pianeta.

Le prove a sostegno della rotondità della Terra sono così numerose, diversificate e interconnesse che è difficile isolarle in compartimenti stagni. Ogni ambito – che si tratti della fisica gravitazionale, dell'ottica, della meteorologia, della cartografia, dell'ingegneria, della geografia, dell'astronomia, dell'oceanografia, dell'aeronautica o della tecnologia satellitare – contiene in sé almeno una conferma indiretta ma precisa di un globo rotante nello spazio. E proprio la convergenza di tutte queste discipline, ciascuna nata in contesti e con finalità diverse, è forse la prova più forte e inconfutabile: la sfericità della Terra non è sostenuta da una teoria isolata, ma da un ecosistema intero di conoscenze e applicazioni che non potrebbero esistere, o funzionare, se la Terra non avesse una forma sferica.

Le immagini satellitari, le traiettorie dei voli, la rifrazione atmosferica, la visibilità dei fari in mare aperto, la curvatura dell'orizzonte vista da alta quota, l'ombra terrestre sulla Luna, la necessità delle proiezioni cartografiche, la deriva dei continenti, la distribuzione dei fusi orari, la propagazione delle onde radio, il comportamento delle maree, le orbite dei satelliti e le rotte intercontinentali: tutti questi elementi, se analizzati con spirito critico e senza preconcetti, conducono alla stessa conclusione. Non sono teorie da accettare per fede, ma realtà misurabili e verificabili da chiunque abbia gli strumenti o la curiosità di farlo.

Con la rivoluzione scientifica, l'umanità ha progressivamente abbandonato i modelli simbolici e mitici dell'universo, per sostituirli con modelli osservazionali, sperimentali e matematici.

Questo passaggio ha richiesto secoli di studio, confronti, errori, correzioni e nuove ipotesi, ma ha permesso di costruire una visione del mondo fondata su evidenze, replicabilità e logica. La forma della Terra, in questo percorso, è diventata una certezza geometrica e fisica, un punto fermo su cui si fondano tutte le scienze della Terra, della navigazione e dello spazio. Chi oggi dubita della rotondità terrestre non deve essere condannato, ma invitato a esplorare, osservare, misurare, e soprattutto a verificare di persona: perché la verità, quando è solida e ben documentata, non teme il dubbio, ma lo accoglie come stimolo alla conoscenza.

3. Il ritorno della Terra piatta in epoca moderna (Flat Earth Society, revival nel XIX secolo, influenze religiose)

Nonostante i secoli di scoperte scientifiche, prove osservabili e rivoluzioni concettuali che hanno consolidato l'idea di una Terra sferica, l'ipotesi di una Terra piatta ha vissuto, a partire dal XIX secolo, una sorta di rinascita paradossale e affascinante, alimentata da una combinazione di fattori culturali, religiosi, ideologici e, in epoca recente, tecnologici. Lungi dall'essere un'eco marginale di credenze arcaiche ormai superate, il ritorno del concetto di Terra piatta ha assunto le forme di un vero e proprio fenomeno culturale con caratteristiche proprie, organizzazioni, pubblicazioni e una comunità globale che, in certi casi, resiste anche di fronte alle evidenze più schiaccianti. Per comprendere appieno questo ritorno inatteso, occorre osservare il contesto in cui è germogliato, i protagonisti che lo hanno spinto e le narrazioni che hanno permesso alla teoria di sopravvivere e trasformarsi.

Uno dei primi nomi da menzionare è quello di **Samuel Rowbotham**, un autodidatta inglese vissuto nel XIX secolo, autore del libro *Zetetic Astronomy: Earth Not a Globe* pubblicato nel 1865. In quest'opera, Rowbotham sosteneva che la Terra fosse piatta e coperta da una cupola, sulla base di osservazioni fatte lungo i canali e i fiumi inglesi, in particolare sul Canale di Bedford, dove affermava che oggetti posti a distanza non scomparivano alla vista come avrebbero dovuto se la Terra fosse stata curva. La sua metodologia "zetetica", cioè basata sull'indagine diretta e sul sospetto verso le autorità scientifiche, ebbe grande attrazione su un pubblico poco istruito o diffidente nei confronti delle élite culturali. Il suo approccio non era tanto quello di un astronomo, quanto quello di un polemista capace di costruire una narrazione coerente all'interno di un sistema chiuso, autosufficiente e difficilmente penetrabile da prove contrarie. Da Rowbotham nacque un movimento che prese il nome di **Universal Zetetic Society**, uno dei primi tentativi di istituzionalizzare la visione della Terra piatta in epoca moderna.

Parallelamente, il ritorno di questa idea trovò terreno fertile in ambiti religiosi, soprattutto tra le correnti letteraliste di alcune confessioni cristiane. In particolare, alcuni gruppi protestanti fondamentalisti cominciarono a sostenere che la Bibbia descrivesse chiaramente una Terra piatta, con riferimenti all'"immobilità" del mondo, ai "quattro angoli della Terra", al "firmamento" e alla volta celeste che separa le acque superiori da quelle inferiori. Per questi credenti, accettare il modello eliocentrico e la sfericità del pianeta significava tradire una lettura letterale delle Sacre Scritture. Così la cosmologia piatta divenne, per alcuni, una questione di **fede** prima ancora che di osservazione, un'ideologia religiosa opposta al razionalismo scientifico che, secondo la loro visione, cercava di rimuovere Dio dal centro del cosmo. In questo contesto, l'argomento della Terra piatta si inseriva in una più ampia battaglia culturale tra fede e scienza, tra verità rivelata e sapere empirico.

Il movimento non sparì nemmeno nel XX secolo, nonostante l'avvento dei voli spaziali, della fotografia aerea e delle immagini della Terra dallo spazio. Anzi, trovò nuove vie per sopravvivere grazie a individui come **Samuel Shenton**, fondatore nel 1956 della *Flat Earth Society*, che sostituì e modernizzò la vecchia Universal Zetetic Society. Shenton promosse le sue idee con fervore anche dopo la missione Apollo 11 e lo sbarco sulla Luna, che considerava una messinscena. Alla sua morte, la guida della società passò a **Charles K. Johnson**, che continuò a pubblicare il *Flat Earth News* e mantenne attiva una corrispondenza cartacea con membri da tutto il mondo. Johnson negava non solo la sfericità terrestre, ma anche l'esistenza dei satelliti, della gravità e dello spazio esterno, sostenendo una visione fortemente complottista in cui tutte le istituzioni scientifiche internazionali erano colluse in un gigantesco inganno volto a tenere l'umanità sotto controllo.

La teoria della Terra piatta, a questo punto, si era già trasformata in qualcosa di più complesso rispetto al semplice modello cosmologico: era diventata un simbolo di resistenza anti-sistema, un mezzo per criticare la scienza ufficiale, i governi, la NASA, i media e tutte le fonti di autorità riconosciuta. Questa visione assunse tinte sempre più forti con la diffusione di Internet, che offrì una nuova piattaforma per l'organizzazione, la propaganda e il reclutamento. A partire dagli anni 2000, e con particolare intensità negli anni 2010, i video su YouTube, i blog alternativi, i forum anonimi e i social media permisero la nascita di un nuovo ecosistema di contenuti pseudoscientifici e cospirazionisti, all'interno del quale la teoria della Terra piatta trovò una nuova vitalità. I creatori di contenuti iniziarono a produrre video "documentari", esperimenti "scientifici" casalinghi, testimonianze personali e ricostruzioni mitologiche che proponevano una visione del mondo chiusa, coerente e impermeabile alla confutazione.

Il ritorno della Terra piatta in epoca moderna non si può comprendere appieno senza considerare il contesto sociale e culturale più ampio che ha favorito la sua diffusione. Nel corso del XX secolo, le trasformazioni profonde nel modo di comunicare e nel rapporto tra scienza, politica e società hanno offerto terreno fertile a narrazioni alternative, dove la sfiducia verso le istituzioni gioca un ruolo cruciale. La crisi di fiducia nei confronti delle élite scientifiche e politiche, accentuata da scandali, guerre e mutamenti economici, ha creato una sorta di "setaccio culturale" in cui molte persone cercano risposte semplici e rassicuranti in teorie che spesso sfidano il consenso accademico. In questo quadro, la teoria della Terra piatta si inserisce come uno dei numerosi movimenti che mettono in discussione la "verità ufficiale", alimentando un senso di appartenenza e di rivolta contro un sistema percepito come opprimente.

Parallelamente, l'evoluzione delle tecnologie digitali ha rivoluzionato l'accesso all'informazione, abbattendo le barriere tradizionali che separavano esperti e pubblico. Internet ha reso possibile la condivisione immediata di idee, la formazione di comunità virtuali e la diffusione virale di contenuti anche molto controversi. Nel caso della Terra piatta, questa rivoluzione ha significato che singoli individui, anche senza particolari qualifiche scientifiche, possono diventare protagonisti di un discorso pubblico, attirare migliaia di seguaci e influenzare opinioni con un semplice video o post. I social media, con i loro algoritmi che premiano l'engagement e la polarizzazione, hanno contribuito a creare "bolle" in cui le convinzioni alternative si rinforzano a vicenda, rendendo più difficile il dialogo e la verifica critica.

Un aspetto peculiare di questo revival è la capacità dei sostenitori della Terra piatta di elaborare una narrazione complessa che mescola elementi di scienza distorta, complottismo e mitologia moderna. Questa narrazione si basa spesso sull'idea che tutte le istituzioni mondiali – governi, università, agenzie spaziali, organizzazioni internazionali – siano parte di una vasta cospirazione che mira a nascondere la "verità" sulla natura del pianeta. Si parla di inganni orchestrati da poteri occulti, di falsificazioni di immagini e video dallo spazio, di esperimenti scientifici manipolati e di un controllo totale sulla percezione umana. Questo tipo di discorso, pur non avendo basi oggettive, attrae molte persone perché risponde a bisogni psicologici profondi: il desiderio di sentirsi parte di un gruppo esclusivo, la necessità di credere in una realtà alternativa che dia senso a un mondo complesso e spesso inquietante, e la soddisfazione di opporsi a un "nemico" percepito come onnipotente.

L'influenza religiosa continua a giocare un ruolo significativo nella diffusione della Terra piatta moderna. Sebbene non tutti i sostenitori abbiano una connotazione confessionale, molti gruppi fondamentalisti insistono sul fatto che la scienza contemporanea sia contraria alle Scritture e che la verità si trovi in una lettura letterale e immutabile della Bibbia. Alcuni di questi gruppi organizzano conferenze, pubblicano libri e mantengono comunità online dove si discute di creazionismo, negazione della sfericità terrestre e di altre teorie alternative. La convinzione che la Terra sia piatta diventa così parte di una più ampia visione del mondo che rifiuta la modernità e la secolarizzazione, proponendo una restaurazione di valori tradizionali e di una conoscenza "pura" e "autentica", opponendosi all'interpretazione evolutiva e simbolica dei testi sacri.

Va poi considerato il fenomeno mediatico legato al revival della Terra piatta, che ha preso slancio con eventi pubblici, dibattiti televisivi e soprattutto con la diffusione di video virali su piattaforme come YouTube. Alcuni influencer e divulgatori del movimento hanno raggiunto milioni di visualizzazioni proponendo esperimenti apparentemente scientifici, testimonianze emotive e analisi pseudo-critiche dei dati ufficiali. Questi contenuti spesso usano un linguaggio semplice, diretto e coinvolgente, che rompe le barriere della complessità scientifica e si rivolge a un pubblico vasto, anche poco istruito. In molti casi, la spettacolarizzazione del dibattito ha portato a un aumento della visibilità della teoria della Terra piatta, facendo apparire l'argomento in discussioni pubbliche anche al di fuori della comunità di riferimento, amplificando la percezione di un "movimento" con un peso significativo.

L'aspetto più affascinante e al tempo stesso preoccupante di questo fenomeno è la sua capacità di evolversi e adattarsi. La Terra piatta moderna non è una teoria statica: i suoi sostenitori modificano le argomentazioni, rispondono alle critiche, aggiornano i "dati" e creano nuove ipotesi per spiegare le anomalie che emergono. In questo senso, il movimento possiede una sorta di dinamismo interno, una capacità di auto-correzione e di resistenza che le permette di sopravvivere in un mondo dominato da informazioni verificate e da scoperte scientifiche continue. Inoltre, l'interazione fra comunità online ha reso il movimento più internazionale, con legami e scambi di idee fra sostenitori di diversi paesi, creando un vero e proprio network globale.

Infine, non si può trascurare l'impatto psicologico e sociale che il ritorno della Terra piatta ha avuto e continua ad avere. Per molti seguaci, aderire a questa teoria significa adottare un'identità precisa, un sistema di valori e una posizione di opposizione al pensiero dominante. Il movimento offre un senso di comunità e appartenenza, soprattutto a chi si sente alienato o marginalizzato dalla società contemporanea. Questa dimensione sociale è tanto più importante in un'epoca in cui le crisi economiche, politiche e ambientali alimentano insicurezze diffuse e il bisogno di trovare spiegazioni "alternative" ai problemi globali.

Il fenomeno del ritorno della Terra piatta in epoca moderna si intreccia in modo profondo con le dinamiche psicologiche individuali e collettive che caratterizzano la società contemporanea. In un mondo caratterizzato da informazioni sovrabbondanti, dalla complessità dei sistemi politici e sociali e dalla crescente specializzazione scientifica, molte persone si sentono disorientate, sopraffatte o esclusi dai discorsi accademici e istituzionali. Questa condizione genera un terreno fertile per idee semplicistiche e narrazioni alternative che sembrano restituire un controllo diretto sulla realtà percepita. La teoria della Terra piatta, con la sua apparente chiarezza e il rigetto delle complicazioni scientifiche, diventa una risposta a questo senso di incertezza e smarrimento. L'adesione a queste idee consente infatti di sentirsi parte di un gruppo esclusivo, "illuminato" rispetto alla massa e ai cosiddetti "esperti" che sarebbero complici di un grande inganno.

Da un punto di vista sociale, la diffusione della Terra piatta si lega anche a fenomeni più ampi di marginalizzazione culturale e politica. In alcune regioni o comunità, la sfiducia verso la scienza ufficiale si sovrappone a una critica più generale verso le istituzioni statali e i media mainstream, percepiti come strumenti di controllo e manipolazione. Questo senso di estraneità o ribellione culturale trova nella teoria della Terra piatta uno degli strumenti di espressione e rivendicazione identitaria. Inoltre, i sostenitori spesso si sentono protagonisti di una battaglia per la verità, un conflitto epico tra la luce della conoscenza "reale" e le tenebre delle bugie diffuse da poteri occulti.

In termini di modalità comunicative, il movimento della Terra piatta ha fatto ampio uso delle piattaforme digitali, che consentono non solo la diffusione di contenuti ma anche l'interazione diretta e continua fra aderenti sparsi nel mondo. Forum, gruppi Facebook, canali YouTube e altre forme di social network si sono trasformati in luoghi virtuali di scambio, dibattito e organizzazione. Qui si condividono esperimenti casalinghi, interpretazioni di testi antichi, analisi di presunte discrepanze nelle immagini satellitari e teorie cospirazioniste che ricostruiscono un mondo nascosto ai più. Questa rete virtuale rende il movimento più coeso e resistente, perché le idee non restano isolate ma vengono costantemente rinforzate da un dialogo interno, che spesso funziona da filtro contro la critica esterna.

L'aspetto culturale e simbolico del revival è altresì importante. La Terra piatta, infatti, si presenta non solo come un modello fisico alternativo, ma anche come un sistema simbolico che ripropone temi mitologici antichi: la Terra come un disco stabile, un luogo ordinato e protetto da una volta celeste che fa da confine, una creazione dall'aspetto definito e comprensibile, contrapposta al caos e all'incertezza della modernità. Questa immagine rassicurante richiama archetipi profondi dell'esperienza umana e delle narrazioni cosmologiche ancestrali, suscitando un fascino che va al di là della pura logica scientifica.

Il movimento della Terra piatta ha anche dimostrato una grande capacità di reinventarsi attraverso personaggi carismatici che, con la loro abilità comunicativa, sono riusciti a portare il discorso in ambiti più ampi, raggiungendo anche i media tradizionali e creando una vera e propria contro-narrazione. Questi leader spesso si presentano come divulgatori indipendenti, portatori di una "verità nascosta", contrapponendosi allo "stablishment" scientifico con un mix di carisma, retorica provocatoria e appello emotivo. Il loro ruolo è cruciale per mantenere vivo e visibile il movimento, per attrarre nuovi adepti e per consolidare un'identità collettiva.

Non va infine dimenticata la dimensione ludica e spettacolare che accompagna spesso il revival della Terra piatta. Video virali, meme, eventi pubblici e persino merchandise dedicato trasformano la teoria in un fenomeno pop-culturale, in cui l'ironia, la provocazionc c la partecipazione attiva creano un senso di comunità e di appartenenza. Questa dimensione permette al movimento di raggiungere anche un pubblico più giovane o meno interessato agli aspetti strettamente scientifici, ampliando la base di diffusione e radicandosi nella cultura di massa.

Il fenomeno moderno della Terra piatta si lega a dinamiche psicologiche molto complesse, dove la ricerca di senso e sicurezza in un mondo percepito come caotico e ambiguo gioca un ruolo centrale. La teoria della Terra piatta, pur basandosi su presupposti scientifici errati, offre a chi vi aderisce una narrazione coerente e rassicurante, che trasforma la complessità della realtà in un sistema ordinato e facilmente interpretabile. Questo può essere visto come una forma di risposta psicologica alla crescente complessità del mondo contemporaneo, in cui molte persone faticano a orientarsi tra informazioni contraddittorie e conflitti culturali. La sensazione di appartenere a una comunità di "eletti" che conoscono la verità nascosta aumenta la percezione di controllo e identità personale, rafforzando la convinzione stessa nel modello della Terra piatta.

Inoltre, l'aspetto comunicativo è essenziale per comprendere la diffusione del fenomeno. La rete digitale ha permesso la nascita di veri e propri ecosistemi informativi alternativi, in cui la teoria della Terra piatta si intreccia con altre narrative di complotto e sospetto verso le istituzioni. Questa rete è spesso caratterizzata da una modalità di comunicazione che privilegia emozione, narrazione personale e "prove visive" non sempre rigorose, ma convincenti per chi è predisposto a credere. Questi contenuti riescono a coinvolgere e mobilitare un pubblico variegato, capace di produrre a sua volta materiale e diffondere il messaggio in modo virale. Il ruolo degli algoritmi delle piattaforme social è cruciale, poiché tendono a premiare i contenuti più sensazionali, polarizzanti e controversi, creando un circuito di auto-rinforzo che mantiene viva la comunità.

Un'altra dimensione interessante è quella storica e simbolica. La Terra piatta, così come concepita oggi, riporta in vita antiche cosmologie e modelli pre-scientifici, ma li combina con un'attitudine critica verso la scienza moderna e un forte elemento di contestazione sociale. In questo modo, la teoria diventa anche un modo per riscoprire e valorizzare conoscenze "alternative", spesso rivendicate come più autentiche o spiritualmente significative rispetto a quelle accademiche. Questa riscoperta di modelli cosmologici antichi, reinterpretati in chiave moderna, crea un legame fra passato e presente che rafforza il senso di appartenenza e di continuità culturale.

Il revival della Terra piatta si inserisce quindi in un contesto più ampio di sfiducia verso la modernità e le sue istituzioni, un fenomeno che si manifesta anche in altre forme di pensiero alternativo, dalla negazione del cambiamento climatico al rifiuto delle vaccinazioni, fino alle teorie complottiste più varie. In questo senso, la Terra piatta può essere vista come un caso emblematico di una crisi di legittimità del sapere scientifico e delle autorità sociali, che mette in discussione i fondamenti stessi della nostra comprensione del mondo.

Anche dal punto di vista sociologico, il movimento mostra caratteristiche tipiche dei gruppi marginali o alternativi: forte coesione interna, senso di esclusività, narrazioni condivise e opposizione al mainstream. Questo contribuisce a spiegare la difficoltà di dialogo tra sostenitori della Terra piatta e comunità scientifica, spesso percepita come ostile o chiusa. Il conflitto non è solo epistemologico, ma coinvolge dimensioni identitarie e valoriali profonde, rendendo il confronto molto complesso.

Infine, il revival moderno della Terra piatta è caratterizzato da una continua evoluzione interna, con aggiornamenti, modifiche e nuove teorie che cercano di rispondere alle critiche e alle nuove scoperte. Questa plasticità permette al movimento di adattarsi e sopravvivere nel tempo, mantenendo viva la discussione e ampliando la propria base di seguaci in tutto il mondo. La presenza di figurc carismatiche e influencer digitali gioca un ruolo chiave in questo processo, fungendo da catalizzatori e da punti di riferimento per la comunità globale.

Il ritorno della Terra piatta in epoca moderna rappresenta un fenomeno complesso che intreccia aspetti culturali, sociali, psicologici e tecnologici in modo profondo e sfaccettato. La rinascita di questa teoria non può essere spiegata soltanto con un semplice rifiuto della scienza, ma va considerata come espressione di una più ampia crisi di fiducia nelle istituzioni, nella conoscenza accademica e nei media tradizionali. In un'epoca caratterizzata da rapidi cambiamenti, instabilità economica, polarizzazione politica e sovraccarico informativo, molte persone trovano nella teoria della Terra piatta una narrazione alternativa che offre certezza, senso di appartenenza e un'identità definita. Questo movimento, pur essendo basato su presupposti scientifici errati, risponde a bisogni psicologici profondi come il desiderio di controllo, la ricerca di comunità e la volontà di ribellione contro un sistema percepito come opprimente e manipolatore.

Il ruolo delle nuove tecnologie digitali è stato cruciale per il revival della Terra piatta: piattaforme come YouTube, Facebook e forum online hanno abbattuto le barriere alla comunicazione, permettendo a individui senza alcuna qualifica scientifica di diventare diffusori di un discorso alternativo e di creare comunità globali di sostenitori. Gli algoritmi dei social media, incentivando la viralità di contenuti sensazionali e controversi, hanno amplificato la diffusione di questa teoria, alimentando una "camera dell'eco" dove le convinzioni si rafforzano a vicenda e la verifica critica viene spesso ignorata o derisa.

La componente religiosa, in particolare tra gruppi fondamentalisti, ha conferito al movimento una dimensione ulteriore, integrando la teoria in un sistema più ampio di credenze che rifiutano la modernità e la scienza ufficiale a favore di una lettura letterale e immutabile delle Scritture. Questo ha contribuito a legittimare la teoria come parte di una battaglia spirituale e culturale, dove la Terra piatta non è solo una questione fisica ma un simbolo di verità nascosta e di fedeltà a valori tradizionali.

Il movimento ha mostrato nel tempo una notevole capacità di adattamento, aggiornando le proprie argomentazioni per rispondere alle critiche e mantenendo vivo l'interesse attraverso figure carismatiche, eventi pubblici e un'attività continua nelle comunità online. Questa plasticità interna, unita alla costruzione di un'identità collettiva forte, ha reso il fenomeno difficile da estinguere e capace di attrarre nuovi seguaci anche in epoche segnate da un forte predominio della scienza e della tecnologia.

In definitiva, il ritorno della Terra piatta in epoca moderna è un fenomeno che va oltre la semplice disputa scientifica: è una manifestazione significativa delle tensioni culturali, sociali e psicologiche della contemporaneità, un segnale di come le narrazioni alternative possano emergere e prosperare in un mondo complesso, disorientante e in continua trasformazione. Comprendere questo fenomeno richiede quindi non solo un'analisi critica delle sue basi scientifiche, ma anche un'attenzione approfondita ai contesti umani e sociali che ne alimentano la forza e la diffusione.

4. Internet e il boom del terrapiattismo nel XXI secolo (YouTube, social media, algoritmi e camere dell'eco)

L'avvento di Internet e, in particolare, la diffusione capillare dei social media hanno radicalmente trasformato il modo in cui le idee circolano e si consolidano nella società moderna. Per il movimento della Terra piatta, questa rivoluzione digitale ha rappresentato un vero e proprio punto di svolta, che ha permesso una diffusione senza precedenti di una teoria precedentemente relegata a margini culturali molto ristretti. Piattaforme come YouTube, Facebook, Twitter, Instagram e Reddit hanno creato spazi virtuali in cui chiunque può pubblicare contenuti, raggiungere migliaia o milioni di persone senza filtri editoriali e interagire direttamente con una comunità globale. Questa democratizzazione dell'informazione ha avuto effetti ambivalenti: da un lato ha favorito la pluralità di opinioni e l'accesso a molteplici fonti, dall'altro ha reso possibile la circolazione rapida di idee non verificate o false, come quelle sostenute dal terrapiattismo.

YouTube, in particolare, si è rivelato un canale privilegiato per la diffusione di video che illustrano esperimenti "casalinghi", interpretazioni alternative di mappe e immagini satellitari, e discorsi carismatici di influencer terrapiattisti. Questi video, spesso realizzati con un tono divulgativo e coinvolgente, riescono a catturare l'attenzione di un pubblico vasto, soprattutto giovane, che può sentirsi attratto dalla sensazione di scoprire una "verità nascosta" e di mettere in discussione il sapere convenzionale. La natura audiovisiva e accessibile di questi contenuti li rende immediati e persuasivi, e facilita la loro condivisione su altre piattaforme social.

Gli algoritmi delle piattaforme digitali giocano un ruolo fondamentale in questo processo, poiché tendono a premiare contenuti che generano maggiore coinvolgimento, indipendentemente dalla loro veridicità. Questo significa che video provocatori, controversi o sensazionalistici ottengono una maggiore visibilità, finendo per creare delle vere e proprie "camere dell'eco" in cui gli utenti si trovano immersi in un flusso continuo di messaggi coerenti con le loro convinzioni preesistenti. Questi ambienti virtuali rafforzano la fede nella teoria della Terra piatta, rendendo difficile il confronto con opinioni contrarie o con dati scientifici ufficiali, spesso percepiti come parte di un "sistema" da cui difendersi.

Le comunità online dedicate al terrapiattismo si sono strutturate in modo da creare uno spazio sicuro e coeso per i propri membri, in cui si condividono esperienze, esperimenti, dibattiti e strategie comunicative. La possibilità di interazione diretta e continua con altre persone che condividono le stesse idee contribuisce a consolidare l'identità collettiva e a legittimare le convinzioni personali. Inoltre, alcuni influencer e leader del movimento utilizzano i social media per organizzare eventi dal vivo, seminari virtuali e campagne di sensibilizzazione, amplificando ulteriormente la portata del fenomeno.

La viralità dei contenuti terrapiattisti è inoltre favorita dalla semplicità e dall'immediatezza delle argomentazioni, che spesso fanno leva su dubbi comuni, sospetti verso le istituzioni e la scienza ufficiale, e su una retorica anti-establishment che risuona con le sfide culturali contemporanee. L'effetto combinato di emozione, curiosità e senso di appartenenza crea un mix potente che rende difficile disinnescare la diffusione di queste idee.

Infine, il boom del terrapiattismo online ha stimolato una risposta altrettanto intensa da parte della comunità scientifica e delle piattaforme stesse, che si sono trovate a dover affrontare la sfida di contrastare la disinformazione senza ledere la libertà di espressione. Questo equilibrio delicato ha portato a una serie di iniziative educative, campagne di fact-checking e modifiche agli algoritmi per limitare la visibilità di contenuti palesemente falsi, con risultati spesso parziali o controversi.

L'esplosione del terrapiattismo nel XXI secolo è indissolubilmente legata alla struttura stessa di Internet, che favorisce la diffusione rapida e capillare di contenuti, spesso senza un filtro critico o un controllo editoriale tradizionale. In questo nuovo ecosistema digitale, la comunicazione è diventata orizzontale e partecipativa: chiunque può creare, condividere e amplificare idee, indipendentemente dalla loro fondatezza. Questo ha permesso ai sostenitori della Terra piatta di sfruttare strumenti che una volta erano appannaggio esclusivo degli esperti o degli organi di informazione ufficiale, mettendo in discussione i canali tradizionali di legittimazione del sapere scientifico. I social media, così come i servizi di video on demand, sono diventati le nuove piazze virtuali in cui si combatte la battaglia delle narrazioni, e in cui la teoria della Terra piatta ha trovato un terreno fertile per germogliare e diffondersi.

Inoltre, la natura algoritmica di queste piattaforme contribuisce a plasmare l'esperienza degli utenti, costruendo percorsi di navigazione personalizzati che spesso finiscono per rinforzare convinzioni già esistenti. Gli algoritmi analizzano le preferenze, le interazioni e i comportamenti degli utenti, proponendo contenuti sempre più simili a quelli già visualizzati o con cui si è interagito positivamente. Questo crea un effetto di polarizzazione e isolamento informativo, noto come camera dell'eco, in cui le idee di Terra piatta si autoalimentano, mentre le opinioni alternative e le evidenze scientifiche vengono sistematicamente ignorate o screditate. In questo ambiente, ogni nuovo contenuto prodotto da un sostenitore diventa parte di una rete di conferme reciproche, che rafforza il senso di verità e comunità.

Un altro aspetto che ha favorito il boom del terrapiattismo online è la capacità di sfruttare forme comunicative adatte al pubblico digitale, come video brevi, meme, livestreaming e podcast, che rendono la divulgazione delle idee semplice, immediata e spesso divertente o provocatoria. Questa modalità di comunicazione è particolarmente efficace con le nuove generazioni, abituate a fruire di contenuti rapidi e visivamente accattivanti. Le immagini e i video, in particolare, giocano un ruolo cruciale nel processo di persuasione, poiché offrono "prove visive" che sembrano confermare le tesi dei terrapiattisti, anche quando queste sono basate su interpretazioni errate o manipolate di dati scientifici o cartografici.

All'interno delle comunità virtuali terrapiattiste, la condivisione di esperimenti "fai da te" costituisce un elemento importante per legittimare la teoria. Gli aderenti sono incoraggiati a compiere osservazioni dirette, come l'osservazione dell'orizzonte o la misurazione della curvatura apparente, e a documentare i risultati con foto o video, spesso ignorando che tali esperimenti sono soggetti a errori di percezione, strumenti inadeguati o interpretazioni distorte. Questa pratica favorisce un coinvolgimento attivo, dando agli individui l'illusione di partecipare a un processo scientifico indipendente, rinforzando così le loro convinzioni.

Il ruolo dei cosiddetti "influencer" digitali, spesso figure carismatiche senza formazione scientifica ma con grande capacità retorica e comunicativa, è centrale per la crescita del movimento. Questi leader sfruttano la loro visibilità online per attrarre nuovi adepti, organizzare eventi e creare contenuti che presentano la Terra piatta come una rivelazione esclusiva e coraggiosa, combattuta contro un establishment scientifico ostile e censurante. La loro presenza contribuisce a costruire una narrazione complessiva che mescola elementi di suspense, mistero e ribellione, attirando un pubblico sensibile a messaggi anti-sistema.

Parallelamente, la diffusione globale di questa teoria ha portato a forme di organizzazione più strutturate, con siti web dedicati, canali tematici, gruppi di discussione e persino congressi virtuali o in presenza. Questi spazi offrono occasioni di socializzazione, scambio di idee e consolidamento dell'identità collettiva, elementi fondamentali per la sopravvivenza e la crescita del movimento in un contesto che altrimenti potrebbe marginalizzarlo.

Infine, il boom del terrapiattismo online ha sollevato importanti questioni etiche e sociali riguardo al ruolo delle piattaforme digitali nella gestione della disinformazione, alla responsabilità degli influencer e alla necessità di sviluppare forme efficaci di educazione scientifica e media literacy. L'equilibrio fra tutela della libertà di espressione e contrasto alle fake news rappresenta una sfida aperta, che riguarda non solo il fenomeno della Terra piatta ma l'intero ecosistema dell'informazione digitale contemporanea.

L'influenza di Internet nel diffondere il terrapiattismo non si limita semplicemente alla possibilità di condividere contenuti, ma coinvolge anche la trasformazione profonda dei meccanismi attraverso cui le persone si informano e costruiscono le proprie credenze. In un'epoca in cui il flusso di informazioni è continuo, istantaneo e sovrabbondante, molti individui trovano difficile districarsi tra fonti contraddittorie, spesso prive di autorevolezza o di un rigoroso controllo dei fatti. Questo contesto di incertezza e confusione crea terreno fertile per le teorie alternative come quella della Terra piatta, che offrono risposte semplici e rassicuranti a interrogativi complessi, soddisfacendo un bisogno psicologico di chiarezza e sicurezza.

La natura virale dei contenuti terrapiattisti, accentuata dalla struttura dei social network, favorisce la creazione di "micro-comunità" in cui gli utenti possono sentirsi parte di un gruppo esclusivo e "illuminato", che possiede una conoscenza segreta rifiutata dalla maggioranza. Queste comunità, sebbene spesso piccole rispetto alla popolazione globale, hanno un impatto sproporzionato grazie alla loro elevata attività e capacità di mobilitazione online, dando vita a un fenomeno di amplificazione che può superare i confini geografici e culturali tradizionali. L'adesione a queste comunità si basa spesso su un senso di appartenenza e identità condivisa, che rende difficile per i membri abbandonare le convinzioni del gruppo anche di fronte a prove contrarie.

Inoltre, il formato narrativo utilizzato nei contenuti digitali terrapiattisti è spesso costruito per stimolare emozioni forti, come la rabbia contro le istituzioni, la meraviglia di scoprire "verità nascoste" o il senso di ribellione contro il conformismo. Questi elementi emotivi sono particolarmente efficaci nel catturare e mantenere l'attenzione degli utenti, creando un coinvolgimento che va oltre la mera esposizione di dati o argomentazioni. Il potere delle storie e delle narrazioni emotive, veicolate da video, post o podcast, è centrale nel rafforzare le convinzioni e nel mantenere la coesione interna della comunità terrapiattista.

L'aspetto visivo è un altro fattore chiave: le immagini, i grafici, le animazioni e i video giocano un ruolo essenziale nel rendere immediatamente comprensibili e convincenti argomenti altrimenti complessi o astratti. Molti video terrapiattisti utilizzano animazioni 3D, mappe alternative e simulazioni che, pur scientificamente errate, appaiono convincenti per chi non ha una preparazione specifica in fisica o geografia. Questo uso delle tecnologie visive permette di trasformare un'idea astratta come la forma della Terra in qualcosa di tangibile e percepibile, facilitando l'adesione emotiva e cognitiva alla teoria.

Non va inoltre sottovalutato il ruolo del cosiddetto "effetto Dunning-Kruger", un bias cognitivo secondo cui individui con conoscenze limitate in un campo tendono a sovrastimare la propria competenza. Questo fenomeno è particolarmente rilevante nel contesto della Terra piatta, dove chi si avvicina alla scienza con conoscenze superficiali può sentirsi in grado di mettere in discussione le conclusioni degli esperti, trovando conferma nelle spiegazioni semplificate e nella diffusa sfiducia verso la comunità scientifica e le istituzioni. L'interazione tra queste dinamiche cognitive e l'ambiente digitale amplifica ulteriormente la diffusione del terrapiattismo.

Infine, la presenza di contenuti terrapiattisti ha stimolato il dibattito su come combattere efficacemente la disinformazione senza incorrere in fenomeni di "backfire effect", ovvero l'effetto per cui tentativi di confutare una convinzione falsa rafforzano invece la fede nella stessa. Questo tema è centrale nel confronto tra il movimento terrapiattista e le istituzioni scientifiche o educative, che devono trovare strategie comunicative più efficaci, basate sulla costruzione di fiducia e sul coinvolgimento critico degli utenti, piuttosto che sulla mera confutazione dei miti.

L'ascesa del terrapiattismo nel contesto digitale contemporaneo è anche strettamente legata alla natura interattiva e partecipativa delle piattaforme online, dove il ruolo del pubblico si trasforma da semplice fruitore passivo a produttore attivo di contenuti. Questa dinamica consente a chiunque di diventare creatore di narrazioni alternative, di costruire argomentazioni personalizzate e di condividere testimonianze esperienziali che spesso sfuggono al controllo delle fonti istituzionali. Tale partecipazione diffusa crea una rete di contenuti che si auto-rinforzano, generando un senso di legittimità e autenticità percepita, anche se scevra da fondamenti scientifici solidi.

Le interfacce digitali favoriscono inoltre la creazione di gruppi chiusi, comunità virtuali e forum dove il confronto interno è stimolato ma spesso confinato entro confini ideologici rigidi. Questi ambienti chiusi amplificano l'effetto di polarizzazione, isolando i membri da opinioni contrastanti e costruendo un ecosistema informativo autoreferenziale. In questo modo, la narrazione della Terra piatta si sviluppa in una dimensione parallela in cui la verifica incrociata delle informazioni è ridotta o assente, e in cui la sfiducia verso fonti esterne diventa un elemento identitario, rafforzando il legame emotivo e sociale tra i partecipanti.

Parallelamente, il fenomeno è accompagnato da un uso strategico di strumenti retorici che si basano su tecniche di persuasione e manipolazione cognitiva, quali l'appello all'autorità carismatica, la semplificazione eccessiva dei concetti scientifici, e l'uso di linguaggio conspirativo. Questa retorica mira a costruire un "noi contro loro", in cui il movimento terrapiattista si presenta come l'unico gruppo capace di vedere la "verità" nascosta, opposto a un presunto establishment scientifico, politico e mediatico corrotto o manipolatore. Tale costruzione narrativa soddisfa bisogni psicologici profondi come la ricerca di senso, la ribellione contro il controllo e il desiderio di appartenenza.

L'aspetto socioculturale è centrale nella comprensione del boom del terrapiattismo: il fenomeno non è solo un problema di ignoranza scientifica, ma anche un riflesso delle trasformazioni sociali legate alla globalizzazione, alla crisi di fiducia nelle istituzioni, e al cambiamento dei modelli di autorità. La diffusione della teoria della Terra piatta è, in questo senso, sintomatica di un più ampio malessere culturale e di una ricerca di alternative a un sistema percepito come opaco e distante dalla vita quotidiana delle persone.

Importante è anche notare che, sebbene la teoria della Terra piatta sia spesso associata a posizioni anti-scientifiche, essa si intreccia con movimenti più ampi di critica alla scienza ufficiale e alla tecnologia, e con fenomeni di complottismo che riguardano la geopolitica, la salute pubblica e le libertà civili. Questo intreccio moltiplica l'attrattiva del terrapiattismo, collegandolo a reti di credenze più vaste e articolate che si sostengono reciprocamente.

Dal punto di vista comunicativo, l'efficacia del messaggio terrapiattista è amplificata dalla capacità di utilizzare i linguaggi e le forme espressive della cultura digitale contemporanea, adattandosi alle tendenze e alle modalità di fruizione tipiche delle nuove generazioni. L'uso di meme, video virali, hashtag e challenge rende il fenomeno non solo una teoria da credere, ma anche una cultura da vivere, con un proprio lessico, simboli e rituali condivisi.

Inoltre, la natura globale di Internet permette una contaminazione tra diverse tradizioni culturali, religiose e ideologiche, dando vita a forme ibride di terrapiattismo che possono assumere connotazioni differenti a seconda del contesto locale. Questa flessibilità e adattabilità contribuisce a mantenere viva la teoria in molteplici aree del mondo, superando barriere linguistiche e culturali.

Tutti questi fattori, combinati, hanno contribuito a trasformare la Terra piatta da un'idea marginale in un fenomeno di massa, la cui diffusione è alimentata da dinamiche complesse di natura tecnologica, psicologica, sociale e culturale. Se desideri, posso proseguire ancora su questo punto o passare al successivo.

La diffusione del terrapiattismo tramite le piattaforme digitali evidenzia come la struttura stessa di Internet, caratterizzata da una decentralizzazione dell'informazione, si presti particolarmente alla circolazione di idee controcorrente rispetto al consenso scientifico dominante. Questa decentralizzazione, se da un lato democratizza l'accesso alle informazioni, dall'altro comporta l'assenza di meccanismi di controllo editoriali rigorosi che in passato garantivano la qualità e l'affidabilità dei contenuti. In tale contesto, la disinformazione può facilmente proliferare, e la teoria della Terra piatta si inserisce perfettamente in questo flusso, sfruttando la facilità con cui si possono creare e diffondere video, articoli, podcast e discussioni in forum online.

Un aspetto chiave di questa diffusione riguarda la modalità con cui gli utenti percepiscono la veridicità delle informazioni. In un ambiente in cui il confronto diretto tra diverse fonti è spesso limitato dalla personalizzazione dei feed, il senso critico può venire meno, lasciando spazio a una visione filtrata e parziale della realtà. La ripetizione continua di messaggi coerenti all'interno di gruppi chiusi crea un effetto di "normalizzazione" delle idee terrapiattiste, che appaiono sempre più credibili all'interno della propria cerchia, anche se in contraddizione con prove scientifiche solide.

La capacità di questi gruppi di autoprodurre contenuti "esperienziali" è particolarmente rilevante. Le testimonianze dirette, i video di esperimenti amatoriali, i racconti di osservazioni personali sono utilizzati per rafforzare l'idea che la teoria della Terra piatta sia una realtà empirica, accessibile a chiunque voglia verificare di persona. Questo approccio "bottom-up" alla conoscenza scientifica, seppure fondato su metodi errati o su interpretazioni soggettive, crea un senso di empowerment nei sostenitori, che si vedono protagonisti attivi di una "rivoluzione" della conoscenza, e non semplici spettatori passivi.

La viralità dei contenuti terrapiattisti si nutre anche dell'elemento spettacolare e del sensazionalismo. Video di "scoperte" incredibili, rivelazioni esclusive o presunti insabbiamenti da parte di governi e scienziati suscitano emozioni intense come sorpresa, indignazione o meraviglia, che facilitano la condivisione e la diffusione. L'algoritmo dei social media, progettato per massimizzare il tempo di permanenza degli utenti e l'interazione con i contenuti, premia proprio questi post, rendendo il fenomeno ancora più pervasivo.

Va sottolineato inoltre che la crescente sfiducia nelle istituzioni tradizionali, come la comunità scientifica, i governi e i media mainstream, alimenta un clima in cui teorie alternative come quella della Terra piatta trovano terreno fertile. Questa sfiducia è spesso alimentata da scandali, errori comunicativi o percezioni di opacità che minano la credibilità delle fonti ufficiali. In questo quadro, il terrapiattismo si presenta non solo come una spiegazione alternativa del mondo fisico, ma anche come un atto di dissenso e di affermazione di autonomia intellettuale.

Le dinamiche di gruppo nei social network giocano un ruolo fondamentale nel mantenere attivi e motivati i sostenitori della Terra piatta. L'interazione continua con altri membri, la partecipazione a eventi online o offline, e la condivisione di contenuti rafforzano il senso di appartenenza a una comunità che si percepisce come minoritaria ma forte, pronta a difendere la propria visione del mondo contro ogni critica esterna. Questo senso di comunità è spesso rinforzato da simboli, linguaggi e rituali propri che distinguono i membri dal resto della società.

Infine, la presenza di personalità carismatiche e influencer digitali, capaci di mobilitare un vasto pubblico e di costruire narrazioni persuasive, è un elemento centrale nel successo della diffusione terrapiattista. Questi leader, pur spesso privi di una formazione scientifica tradizionale, compensano con abilità comunicative, empatia e capacità di raccontare storie che coinvolgono emotivamente gli spettatori, rendendo accessibile e affascinante una teoria che altrimenti potrebbe apparire tecnica o lontana.

Tutti questi fattori contribuiscono a delineare un quadro complesso e sfaccettato in cui il boom del terrapiattismo nel XXI secolo non è solo un fenomeno legato a un'idea scientifica controversa, ma una manifestazione più ampia di cambiamenti culturali, tecnologici e sociali profondi, che meritano un'analisi attenta e multidimensionale. Se vuoi posso continuare ad approfondire oppure passare al prossimo punto.

Il boom del terrapiattismo nel XXI secolo, favorito dall'ascesa di Internet e dei social media, rappresenta un fenomeno complesso che va ben oltre la semplice diffusione di un'idea errata sulla forma della Terra. È l'esito di una combinazione di fattori tecnologici, psicologici, sociali e culturali che hanno trasformato radicalmente il modo in cui le informazioni vengono prodotte, condivise e recepite. La decentralizzazione della comunicazione ha abbattuto le barriere tradizionali alla diffusione della conoscenza, permettendo a narrazioni alternative di trovare spazio e persino predominanza in certi ambienti virtuali. Questo ha favorito la creazione di comunità digitali chiuse, autoreferenziali e altamente coese, in cui la teoria della Terra piatta non è solo una convinzione, ma un elemento centrale dell'identità condivisa.

Le piattaforme online hanno amplificato la portata e la velocità con cui queste idee si diffondono, sfruttando meccanismi psicologici come la ricerca di appartenenza, il bisogno di sicurezza cognitiva, la sfiducia verso le autorità e la seduzione delle narrazioni complottiste. Il potere emotivo dei contenuti terrapiattisti, spesso costruiti con tecniche di comunicazione altamente persuasive e adattate al linguaggio digitale contemporaneo, ha contribuito a rendere la teoria della Terra piatta un fenomeno virale e persistente, capace di attrarre un pubblico variegato e globale.

Al contempo, questo fenomeno mette in luce le fragilità del sistema informativo moderno e la necessità di sviluppare nuove strategie educative e comunicative per contrastare la disinformazione, rafforzare il pensiero critico e ricostruire la fiducia nelle istituzioni scientifiche e culturali. Il terrapiattismo, dunque, non è solo una questione di falsità scientifica, ma un segnale di cambiamenti profondi nella società contemporanea, che richiedono risposte articolate e multidisciplinari.

In sintesi, il ritorno e l'espansione del terrapiattismo nell'era digitale sono un fenomeno emblematico della complessità della nostra epoca, che intreccia tecnologia, psicologia, cultura e comunicazione, invitandoci a riflettere sul modo in cui costruiamo, condividiamo e proteggiamo la conoscenza in un mondo sempre più interconnesso e sfiduciato. Se vuoi posso procedere con il prossimo punto o approfondire ulteriormente qualche aspetto specifico.

5. Le teorie principali dei terrapiattisti (La cupola, l'Antartide come bordo, il Sole e la Luna a poche miglia di distanza)

Le principali teorie sostenute dai terrapiattisti si basano su una visione alternativa e pseudoscientifica del mondo, in cui la Terra è concepita come un disco piatto, circondato da un bordo di ghiaccio e sormontato da una cupola. Queste idee, sebbene prive di fondamento scientifico, sono state elaborate e propagate da vari sostenitori nel corso degli anni

La Terra come disco piatto

Secondo i terrapiattisti, la Terra non è una sfera, ma un disco piatto con il Polo Nord al centro e l'Antartide che forma un anello di ghiaccio ai bordi. Questa concezione si basa sulle idee di Samuel Rowbotham, che nel XIX secolo propose un modello in cui la Terra è piatta e il Sole e la Luna ruotano sopra di essa a una distanza relativamente vicina.

La cupola o firmamento

Una delle teorie più diffuse tra i terrapiattisti è quella della "cupola" o "firmamento", una struttura solida e trasparente che coprirebbe la Terra, impedendo l'accesso allo spazio esterno. Questa idea trae origine da interpretazioni letterali di testi religiosi e viene spesso utilizzata per spiegare fenomeni celesti senza ricorrere alla scienza moderna. Tuttavia, non esistono prove scientifiche a supporto dell'esistenza di una tale cupola, e numerose missioni spaziali hanno dimostrato la possibilità di uscire dall'atmosfera terrestre senza incontrare ostacoli.

Il Sole e la Luna a poche miglia di distanza

Nel modello terrapiattista, il Sole e la Luna sono considerati oggetti di dimensioni ridotte che si muovono in cerchio sopra la superficie terrestre, a una distanza di circa 3.000 miglia (circa 4.800 chilometri). Questa concezione è utilizzata per spiegare l'alternanza del giorno e della notte, nonché le fasi lunari, senza ricorrere al modello eliocentrico.

L'Antartide come bordo

Secondo i terrapiattisti, l'Antartide non è un continente situato al Polo Sud, ma un muro di ghiaccio che circonda il bordo della Terra piatta, impedendo all'acqua degli oceani di cadere nel vuoto. Questa teoria è utilizzata per giustificare l'assenza di esplorazioni oltre il "muro di ghiaccio" e per sostenere l'idea che le autorità mondiali nascondano la vera natura della Terra.

Eclissi e fenomeni celesti

Per spiegare le eclissi lunari, i terrapiattisti hanno introdotto l'idea di un "oggetto ombra" invisibile che si interpone tra la Terra e la Luna, causando l'oscuramento del satellite. Questa teoria è stata proposta per conciliare l'osservazione delle eclissi con il modello della Terra piatta, ma manca di evidenze scientifiche e non è supportata da osservazioni astronomiche.

Nonostante la mancanza di prove scientifiche a supporto di queste teorie, il movimento terrapiattista continua a diffondere le sue idee attraverso internet e i social media, trovando seguaci in diverse parti del mondo. La persistenza di queste credenze evidenzia l'importanza di promuovere l'educazione scientifica e il pensiero critico nella società.

I sostenitori della teoria della Terra piatta sviluppano una molteplicità di narrazioni e modelli che, pur variando da gruppo a gruppo, condividono alcuni elementi fondamentali, come la negazione della sfericità terrestre, l'interpretazione simbolica e spesso letterale delle Scritture, e una profonda sfiducia verso le istituzioni scientifiche, i governi e gli organismi internazionali. Una delle caratteristiche più evidenti del pensiero terrapiattista contemporaneo è la capacità di adattare e ibridare concetti scientifici, religiosi, mitologici e cospirazionisti per creare un sistema alternativo di comprensione del mondo. Questo sistema, pur privo di fondamento empirico, appare internamente coerente ai suoi sostenitori.

La teoria della cupola, spesso definita anche "firmamento", trova origine in parte nel Libro della Genesi e in altri testi religiosi antichi che descrivono il cielo come una struttura solida che separa "le acque superiori da quelle inferiori". In ambienti terrapiattisti contemporanei, questa cupola è considerata una vera e propria barriera fisica, impenetrabile, che racchiude tutta la Terra e i corpi celesti visibili. In questo modello, le stelle sarebbero incastonate nella cupola stessa o sarebbero proiezioni luminose generate da tecnologie o entità superiori. Alcuni sostenitori più radicali ipotizzano che il firmamento sia una costruzione artificiale creata da entità extraterrestri o divine, o da una civiltà avanzata precedente alla nostra.

Il modello in cui l'Antartide circonda i bordi della Terra piatta è particolarmente centrale nella narrazione complottista. In questa visione, il continente ghiacciato non è una calotta al Polo Sud, ma un muro imponente di ghiaccio che circonda l'intero bordo del disco terrestre. La funzione attribuita all'Antartide è duplice: da un lato, serve a contenere gli oceani per evitare che l'acqua si disperda nel vuoto; dall'altro, rappresenta un confine invalicabile oltre il quale, secondo i terrapiattisti, potrebbe celarsi la verità ultima sull'universo. Viene spesso citato il Trattato sull'Antartide del 1959 come presunta "prova" di una cospirazione internazionale volta a impedire ai civili l'accesso a queste aree, descritte come off-limits se non per motivi strettamente controllati e autorizzati. Secondo questa narrativa, tutte le esplorazioni antartiche moderne sarebbero supervisionate da autorità globali che impedirebbero qualsiasi scoperta che possa mettere in crisi il paradigma accettato della Terra sferica.

Anche la descrizione del Sole e della Luna nel modello terrapiattista si discosta radicalmente dalle conoscenze astronomiche moderne. Invece di orbitare attorno alla Terra o al Sole, questi due corpi celesti sarebbero piccoli e relativamente vicini, muovendosi sopra il piano terrestre lungo traiettorie circolari. Si parla spesso di un'altitudine approssimativa di 4.800 chilometri e un diametro di circa 50 chilometri per ciascun corpo. L'alternanza del giorno e della notte viene spiegata attraverso il movimento circolare del Sole sopra la Terra: essendo di dimensioni ridotte e non sufficientemente potente per illuminare l'intera superficie terrestre, la sua luce colpisce soltanto una porzione alla volta. Alcuni sostenitori sostengono che un fenomeno simile sia responsabile anche delle stagioni, modificando la traiettoria e la distanza del Sole rispetto al centro della Terra piatta.

Questo stesso principio si applica alla Luna, che per i terrapiattisti non riflette la luce solare, ma emette una luce propria, fredda e con proprietà differenti rispetto a quella solare. Esperimenti amatoriali condotti da alcuni membri del movimento affermano che la luce lunare avrebbe un effetto di raffreddamento sugli oggetti colpiti, in contrasto con la luce solare che li riscalda. Questi esperimenti, non replicabili né confermati in ambito scientifico, sono tuttavia considerati dai terrapiattisti come "prova empirica" della loro teoria, in quanto frutto di osservazione diretta e personale.

In merito alle stelle e ai pianeti, i terrapiattisti negano l'esistenza di corpi celesti sferici e distanti. I pianeti vengono considerati punti di luce che, come le stelle, non sono oggetti solidi. Alcuni ipotizzano che siano semplici proiezioni luminose sulla cupola, oppure oggetti simili a droni o a sfere traslucide che si muovono per effetto di meccanismi artificiali. L'universo, nella visione terrapiattista, non è uno spazio infinito e tridimensionale, ma un sistema chiuso, finito e autosufficiente, il cui funzionamento resta in gran parte misterioso e accessibile solo a chi "scopre la verità".

L'eclissi, altro fenomeno che mette in difficoltà la visione terrapiattista, viene spiegata in diversi modi. Una delle ipotesi più citate prevede l'esistenza di un corpo oscuro e invisibile – a volte chiamato "Rahu", riprendendo antiche mitologie orientali – che transita tra la Luna e la Terra durante le eclissi lunari, producendo l'oscuramento. Altre teorie affermano che le eclissi siano semplicemente illusioni ottiche causate da interazioni non meglio precisate tra le luci del Sole e della Luna all'interno della cupola. Anche in questo caso, la scienza ufficiale viene respinta in favore di spiegazioni che si basano su esperienze personali, supposizioni filosofiche e antiche cosmologie reinterpretate.

La convinzione che esistano territori sconosciuti al di là del muro di ghiaccio è un ulteriore sviluppo di queste teorie. Alcuni sostenitori della Terra piatta credono che oltre l'Antartide esistano altri continenti, civiltà segrete o persino nuove "Terre" che ci vengono nascoste. Questa idea è spesso associata alla nozione di "mondi paralleli" o "regni nascosti" al di fuori della cupola, e si intreccia con narrazioni esoteriche e spiritualiste.

I sostenitori delle teorie terrapiattiste hanno elaborato, nel tempo, una varietà di modelli alternativi per cercare di spiegare le osservazioni naturali senza ricorrere alla sfericità terrestre. Questi modelli non sono uniformi: vi è una pluralità di interpretazioni anche tra gli stessi terrapiattisti, segno che il movimento non è coeso attorno a una singola dottrina, ma piuttosto a un comune rifiuto della scienza accademica e della narrativa "ufficiale" fornita da istituzioni come la NASA, le agenzie spaziali internazionali, le università e i centri di ricerca.

Una delle peculiarità più curiose e centrali di queste teorie è il concetto di "prospettiva invertita". I terrapiattisti spesso cercano di reinterpretare fenomeni come le navi che scompaiono all'orizzonte, le ombre proiettate a differenti angolazioni in località distanti, o le immagini della curvatura terrestre da aerei ad alta quota, dichiarando che si tratta di illusioni prospettiche. Secondo la loro visione, gli oggetti non "spariscono dietro la curvatura" ma si riducono progressivamente fino a non essere più visibili, in virtù della limitazione della vista umana e dell'effetto dell'atmosfera. In alcuni casi, si afferma che l'uso di telescopi e strumenti ottici dimostrerebbe come sia possibile "riportare in vista" imbarcazioni già sparite oltre l'orizzonte, ritenendo questa osservazione incompatibile con il concetto di curvatura.

Anche le rotte aeree sono spesso citate come presunta prova di una Terra piatta. I terrapiattisti sostengono che alcuni percorsi di volo tra città nell'emisfero sud non sarebbero spiegabili su un globo terrestre, ma avrebbero invece senso se tracciati su una mappa piatta. Ignorano, tuttavia, i vincoli logistici, le condizioni meteorologiche, i costi operativi e le questioni di sicurezza che determinano le rotte aeree, nonché il fatto che la navigazione satellitare e le rotte commerciali sono perfettamente coerenti con il modello sferico e vengono applicate con successo ogni giorno da decenni.

Un altro elemento comune è la diffidenza verso le immagini fotografiche e video dallo spazio. Per i terrapiattisti, tutto ciò che proviene dalla NASA e dalle altre agenzie spaziali è considerato falsificato. Essi sostengono che le immagini della Terra vista dallo spazio siano create digitalmente, usando tecniche di computer grafica o addirittura elaborate con Photoshop. Alcuni arrivano a dire che gli astronauti non siano mai stati nello spazio e che le missioni lunari siano state girate su set cinematografici. La presunta mancanza di riprese in diretta e continue della Terra vista da una sola camera in tempo reale – ignorando le numerose trasmissioni satellitari disponibili – viene citata come evidenza che non esistano immagini "reali" del pianeta.

Anche la gravità è un concetto rigettato da una parte consistente del movimento terrapiattista. Al suo posto viene spesso proposta l'idea di densità e galleggiamento: secondo questa teoria alternativa, gli oggetti cadrebbero non perché attratti da un centro di massa, ma perché più densi dell'aria che li circonda. Questa interpretazione, seppur intuitivamente semplice, non spiega fenomeni complessi come le orbite planetarie, il peso variabile in diverse altitudini, la caduta dei corpi in assenza d'atmosfera e le accelerazioni misurabili, ma i terrapiattisti considerano questi aspetti irrilevanti rispetto alla percezione diretta.

Nel tentativo di sostenere la propria visione, i terrapiattisti organizzano conferenze, esperimenti amatoriali e persino missioni pseudo-scientifiche, come l'idea di inviare palloni aerostatici per "provare" la piattezza della Terra. In alcuni casi, sono state costruite vere e proprie attrezzature casalinghe, come laser posizionati lungo specchi d'acqua per dimostrare l'assenza di curvatura, senza tenere conto della rifrazione atmosferica o delle tolleranze millimetriche necessarie per osservazioni precise. Tali esperimenti, spesso ripresi in documentari o trasmessi su canali alternativi, diventano virali proprio perché offrono una narrazione controcorrente, carica di pathos e motivata da un senso di "rivelazione".

Vi è poi una forte componente escatologica e spirituale che accompagna molte delle teorie terrapiattiste. In alcuni ambienti, l'idea della Terra piatta è associata alla riscoperta di un ordine cosmico dimenticato, in cui l'uomo occupa un ruolo centrale e l'universo è stato creato su misura per l'umanità. Questo ritorno al geocentrismo è spesso accompagnato da una critica radicale alla modernità e a ciò che viene percepito come "deumanizzazione" della scienza contemporanea. In questa cornice, l'idea della Terra piatta diventa una sorta di simbolo del risveglio spirituale, un modo per rigettare l'ateismo, il materialismo e l'"inganno" della modernità, riappropriandosi di una visione del mondo più "vera" e spiritualmente significativa.

In ambienti più estremi, alcuni arrivano a sostenere che l'intero universo sia una simulazione o una prigione cosmica, con la cupola a fungere da barriera creata da entità superiori per tenere l'umanità intrappolata e ignorante della propria reale natura. In questa visione, l'idea della Terra piatta assume una connotazione quasi messianica: scoprirla significherebbe "spezzare le catene" della prigione e accedere a un livello superiore di coscienza o consapevolezza.

Posso continuare ancora con altri sviluppi del punto se vuoi, oppure quando sei pronto posso anche fornire una conclusione lunga e dettagliata. Fammi sapere tu come preferisci.

Un altro aspetto importante delle teorie terrapiattiste riguarda la reinterpretazione della cosmologia in chiave alternativa, dove ogni elemento dell'universo osservabile viene ridefinito per adattarsi al paradigma della Terra piatta. Il Sole e la Luna, secondo questo modello, non orbitano attorno alla Terra, ma compiono movimenti circolari sopra il disco terrestre, seguendo una traiettoria simile a quella di una giostra. Vengono spesso descritti come corpi relativamente piccoli, con un diametro variabile tra i 30 e i 50 chilometri, che si trovano a un'altitudine di circa 5.000 chilometri sopra la superficie della Terra. Questa distanza, del tutto arbitraria e non supportata da alcuna evidenza scientifica, viene però considerata sufficiente per spiegare la ciclicità del giorno e della notte, così come le stagioni, grazie a un presunto movimento a spirale che farebbe variare la traiettoria del Sole nel corso dell'anno.

In questo modello, la luce del Sole non si diffonde in tutte le direzioni come in una sfera luminosa, ma si comporta come un fascio diretto e concentrato, simile a un riflettore, illuminando solo porzioni limitate del disco terrestre in ogni momento. La spiegazione dell'alternanza giorno-notte, secondo i terrapiattisti, deriverebbe quindi non dalla rotazione della Terra ma da un moto circolare localizzato del Sole stesso. La notte, in questo schema, non è il risultato del pianeta che ruota allontanandosi dalla luce solare, ma della semplice assenza del riflettore solare su una determinata area. Questa visione, pur risultando insostenibile alla prova dell'osservazione e del calcolo, viene ritenuta più intuitiva da molti seguaci.

Anche la Luna, in questa prospettiva, viene considerata un corpo auto-illuminante o parzialmente traslucido, rifiutando l'idea che essa rifletta la luce del Sole. In alcune varianti della teoria, si afferma che le fasi lunari siano prodotte da una seconda fonte luminosa o da un meccanismo interno alla cupola celeste. La totale assenza di ombre coerenti con le fasi osservate sulla Luna, la spiegazione delle eclissi e l'incoerenza con le osservazioni astronomiche non vengono considerate problematiche, poiché si ritiene che i dati "ufficiali" siano stati manipolati per sostenere la visione eliocentrica e sferica del mondo.

Le eclissi stesse sono oggetto di spiegazioni alternative all'interno del terrapiattismo. Per le eclissi lunari, si introduce spesso un concetto noto come "anti-luna" o "corpo oscuro", un oggetto invisibile che passerebbe tra il Sole e la Luna oscurandola temporaneamente, nonostante non vi siano mai state osservazioni dirette di tale corpo. Per le eclissi solari, invece, si sostiene che esse siano prodotte da un oggetto non identificato che transita davanti al Sole o che le dimensioni apparenti della Luna e del Sole, così simili durante un'eclissi totale, siano un'ulteriore prova di un disegno intelligente dell'universo.

Un altro caposaldo delle credenze terrapiattiste è la presenza dell'Antartide come confine estremo del mondo conosciuto. In questa visione, l'Antartide non è un continente a sé stante, ma una gigantesca parete di ghiaccio che circonda tutto il bordo del disco terrestre. Questa "barriera" glaciale sarebbe alta diversi chilometri e agirebbe come contenimento delle acque oceaniche, impedendo loro di "cascare nel vuoto". L'esistenza di tale parete viene ricondotta, in molti casi, a fonti come i racconti di esploratori antichi o interpretazioni simboliche di testi religiosi. I trattati internazionali che regolano l'accesso all'Antartide, come il Trattato Antartico del 1959, vengono letti come prova che i governi mondiali stiano nascondendo la vera natura del continente, impedendo esplorazioni indipendenti per celare il "bordo" della Terra.

Secondo questa visione, l'intero pianeta sarebbe contenuto sotto una sorta di cupola o firmamento, descritto come una struttura impenetrabile e trasparente. Questo concetto trae origine da interpretazioni letterali di testi religiosi, come la Genesi o i Salmi, dove si parla di un "firmamento" sopra la Terra. In ambito terrapiattista, tale cupola funge da confine estremo per l'atmosfera e per i corpi celesti: le stelle, i pianeti, il Sole e la Luna si muoverebbero all'interno di essa, a distanze relativamente contenute, rendendo l'universo un sistema chiuso e finito, a misura dell'uomo. Alcuni arrivano a ipotizzare che la cupola sia una struttura artificiale, costruita da una civiltà superiore o da un'entità divina, con lo scopo di osservare o contenere l'umanità.

La navigazione e la geolocalizzazione, in questo contesto, sono rilette attraverso una lente complottista. I sistemi GPS, per esempio, vengono ritenuti non basati su satelliti in orbita (che sarebbero inesistenti, secondo i terrapiattisti), ma su reti di torri terrestri e stazioni di comunicazione. Anche qui si manifesta una profonda sfiducia nelle istituzioni scientifiche e tecnologiche, accompagnata dall'idea che tutte le conoscenze siano controllate da un'élite con lo scopo di mantenere il potere e l'ignoranza tra la popolazione. Le agenzie spaziali sono viste come organismi propagandistici, con budget enormi utilizzati per costruire scenografie, realizzare video falsi e creare un consenso globale attorno a una falsa narrativa cosmologica.

Anche la scienza in generale viene vista con sospetto: per molti terrapiattisti, la scienza moderna è una religione secolare, fondata su dogmi che non possono essere messi in discussione. Si afferma che la vera scienza dovrebbe partire dall'osservazione diretta, dai "fatti" accessibili all'esperienza sensibile, e non affidarsi a concetti astratti, formule matematiche o modelli teorici. Questa visione riduttiva e pericolosa della scienza, però, ignora il metodo sperimentale, la revisione tra pari, l'autocorrezione continua e l'interconnessione tra milioni di esperimenti verificabili che sostengono i modelli scientifici attuali.

Oltre alle teorie già citate, i sostenitori della Terra piatta hanno elaborato numerose varianti e dettagli supplementari che si intrecciano tra loro in un sistema complesso di credenze alternative, dove ogni dubbio sollevato dalla scienza viene reinterpretato come conferma del paradigma terrapiattista. Uno degli elementi più frequentemente invocati è la presunta assenza di **curvatura terrestre visibile**. Secondo i terrapiattisti, se la Terra fosse davvero una sfera con un diametro di circa 12.742 chilometri, allora la curvatura del suo orizzonte dovrebbe essere misurabile anche a distanze relativamente brevi. Per esempio, viene spesso ripetuto l'argomento secondo cui "da una spiaggia, con un binocolo potente, è possibile vedere navi o edifici distanti decine di chilometri", il che — nella loro interpretazione — contraddice l'idea che tali oggetti dovrebbero essere nascosti oltre la curvatura.

Questi ragionamenti ignorano sistematicamente il fenomeno della **rifrazione atmosferica**, che può far apparire oggetti oltre l'orizzonte geometrico grazie alla deviazione della luce attraverso strati d'aria a diversa densità. In più, vengono spesso utilizzati dati matematici scorretti o mal interpretati, come la formula "8 inches per mile squared" (8 pollici per ogni miglio al quadrato) per calcolare la curvatura terrestre, che in realtà è una semplificazione erronea valida solo su tratti molto limitati e in condizioni teoriche ideali.

Un altro punto centrale è il rifiuto delle immagini satellitari della Terra. Secondo i terrapiattisti, tutte le fotografie e i video che mostrano un pianeta sferico sono falsificazioni digitali create dalla NASA e da altre agenzie spaziali internazionali. Essi sostengono che non esista alcuna fotografia "reale" della Terra intera scattata da una distanza sufficiente a rivelarne la curvatura. A sostegno di questa tesi, vengono mostrati spezzoni di interviste a dipendenti della NASA o di grafici che ammettono l'uso di composizioni fotografiche per creare immagini complete del globo. In effetti, molte immagini globali sono mosaici elaborati a partire da migliaia di scatti satellitari combinati digitalmente, ma questo processo viene travisato per affermare che si tratti di creazioni puramente artificiali.

Viene anche proposta una spiegazione alternativa alla **forza di gravità**, che nei modelli terrapiattisti viene spesso sostituita da un'accelerazione costante verso l'alto. In questa visione, la Terra piatta — invece di essere statica — si muoverebbe verso l'alto con un'accelerazione di 9,8 metri al secondo quadrato, simulando gli effetti della gravità come li percepiamo. Questa ipotesi, nota come "Universal Acceleration", si ispira a una versione radicalizzata del principio di equivalenza einsteiniano, ma non tiene conto degli effetti relativistici che tale accelerazione comporterebbe nel tempo, come il raggiungimento della velocità della luce o l'influenza sulla massa.

In aggiunta, alcuni gruppi terrapiattisti incorporano nelle loro teorie concetti tratti dalla **religione, dall'esoterismo e dal simbolismo archetipico**, creando un ibrido tra scienza alternativa e spiritualismo. In questi contesti, il modello della Terra piatta non è solo una questione fisica ma anche simbolica, rappresentando l'ordine, la centralità dell'uomo nell'universo e una verità perduta che sarebbe stata nascosta nel corso dei millenni dalle "forze dell'inganno". Si ricorre spesso a passi della Bibbia, in particolare dal libro della Genesi, dove si parla di acque sopra e sotto il firmamento, o del trono di Dio "sopra il cerchio della Terra", interpretando tali espressioni letteralmente. Altri testi religiosi, come l'Enuma Elish babilonese o i Veda indiani, vengono invocati per supportare l'idea di una Terra piatta circondata da una barriera cosmica.

Nel pensiero terrapiattista più recente, si è anche sviluppata una certa estetica e narrativa identitaria: molti dei sostenitori si vedono come "ricercatori indipendenti" o "svegli", contrapposti alla massa addormentata che accetta verità preconfezionate. Si descrivono come ribelli contro il dogma scientifico, spesso usando slogan come "fai le tue ricerche" o "non credere, verifica con i tuoi occhi". Vengono pubblicati video, meme e testimonianze personali che rafforzano la coesione interna del gruppo, mentre ogni critica esterna viene etichettata come attacco da parte del "sistema".

Tutto questo ha portato alla nascita di una subcultura visibile non solo online, ma anche offline: sono stati organizzati convegni internazionali, viaggi "esplorativi" per cercare il confine dell'Antartide, manifestazioni pubbliche e la produzione di merchandising con slogan e grafici della Terra piatta. Alcuni terrapiattisti si filmano mentre compiono esperimenti casalinghi per dimostrare l'assenza di curvatura, come il celebre test del laser attraverso tre pannelli forati lungo un lago, apparso anche nel documentario "Behind the Curve" su Netflix. Quando i risultati contraddicono le loro ipotesi, vengono giustificati con l'interferenza di fattori ambientali o di manipolazione tecnologica da parte di forze sconosciute.

Il terrapiattismo contemporaneo, nelle sue teorie principali, si configura come un sistema di credenze complesso e stratificato, che va ben oltre la semplice idea di una Terra piatta. È un ecosistema ideologico dove ogni elemento — dal concetto di una cupola celeste all'Antartide come bordo invalicabile, dal Sole e la Luna come piccoli corpi rotanti sopra la superficie al rifiuto sistematico della gravità — concorre a costruire un universo alternativo, coerente secondo la propria logica interna, ma in radicale opposizione alla visione scientifica del mondo.

Il modello della cupola, ad esempio, viene spesso rappresentato graficamente come una struttura semisferica solida o eterea che sovrasta la Terra piatta. Questa cupola funge da barriera fisica contro lo spazio esterno e, in alcune interpretazioni, anche da strumento di controllo divino o tecnologico. Per molti terrapiattisti, l'idea di cupola non è solo una questione cosmologica ma anche spirituale: rappresenta un limite imposto all'umanità, un confine inaccessibile, a volte associato a concetti biblici come il "firmamento" di Genesi o a racconti mitici delle culture antiche. La cupola diventa così un simbolo di segregazione ma anche di protezione, un elemento chiave per l'interpretazione dell'universo come costruzione intenzionale e non frutto di processi naturali.

L'Antartide, nella visione terrapiattista, perde il suo ruolo di continente ghiacciato al Polo Sud e diventa il bordo perimetrale del mondo. Secondo questa teoria, l'Antartide non sarebbe una massa continentale isolata, ma una gigantesca barriera glaciale che circonda tutto il disco terrestre, impedendo l'accesso al bordo del mondo. In questo schema, le esplorazioni polari del XX secolo — da Amundsen a Byrd — vengono reinterpretate come spedizioni alla ricerca del confine fisico del mondo. Il Trattato Antartico del 1959, che limita le attività civili e militari sul continente, è spesso citato dai terrapiattisti come "prova" di un grande complotto internazionale per impedire che le persone scoprano cosa si trova oltre quel bordo.

Il Sole e la Luna, nella cosmologia terrapiattista, non orbitano attorno a una Terra sferica, ma si muovono in circolo sopra il piano terrestre, come due lampade che ruotano in sincronia, a poche miglia d'altezza (si parla spesso di 3.000 o 5.000 chilometri, a seconda delle fonti terrapiattiste). Secondo questa visione, il giorno e la notte non sono causati dalla rotazione terrestre ma dal movimento localizzato delle due luci: quando il Sole è sopra una regione, la illumina, mentre l'altra metà del mondo resta al buio. I fusi orari, l'alternanza delle stagioni e persino le eclissi vengono reinterpretati per adattarsi a questa meccanica. L'eclissi solare, ad esempio, viene spiegata con l'intervento di un corpo celeste sconosciuto — a volte chiamato "Rahu" o "corpo ombra" — che attraversa il cielo oscurando temporaneamente il Sole. Tali spiegazioni, pur mancando di coerenza fisica e dati empirici verificabili, offrono ai credenti una narrazione alternativa che si adatta alle osservazioni quotidiane in modo intuitivo.

In questo quadro, la negazione della gravità è forse uno degli aspetti più radicali, perché comporta una revisione completa delle leggi della fisica. La gravità viene spesso descritta come una menzogna inventata per giustificare la sfericità della Terra. In sua sostituzione, si ipotizzano forze alternative come la densità (gli oggetti cadrebbero perché sono più densi dell'aria) o l'accelerazione costante verso l'alto della Terra. Queste idee, che ignorano fenomeni come l'orbita dei satelliti, la caduta dei corpi celesti o la traiettoria dei proiettili, rappresentano una rottura profonda con la scienza newtoniana ed einsteiniana. Tuttavia, per i terrapiattisti, ciò che conta non è la verifica matematica ma la sensazione di coerenza logica all'interno del proprio sistema narrativo.

Nel loro insieme, queste teorie costruiscono un modello del mondo chiuso, ordinato e centrato sull'essere umano. L'universo sferico e infinito, dominato da forze impersonali e da leggi fisiche astratte, viene sostituito con una rappresentazione più rassicurante e “tangibile”: una Terra immobile, sovrastata da un cielo impenetrabile, circondata da una barriera ghiacciata, con i corpi celesti che danzano secondo ritmi semplici e prevedibili. È un universo che restituisce centralità all’uomo, non più un puntino insignificante in un cosmo sconfinato, ma il protagonista di un disegno ben preciso.

Proprio questa esigenza di centralità, di significato, di ordine in un mondo percepito come caotico, è ciò che rende le teorie terrapiattiste così affascinanti per molte persone. Non si tratta semplicemente di un errore scientifico, ma di una visione alternativa del mondo, fortemente identitaria e spesso connessa a sentimenti di sfiducia verso le istituzioni, i media, la scienza ufficiale. È una costruzione mitologica moderna, che utilizza un linguaggio pseudoscientifico per affermare una verità “superiore”, riservata a chi ha avuto il coraggio di dubitare.

Con questo si conclude il punto sulle principali teorie dei terrapiattisti, mostrando come esse non siano isolate o frammentarie, ma costituite da un sistema coerente (per quanto erroneo) e alimentato da motivazioni cognitive, psicologiche e culturali profonde.

6. Le “prove” usate dai sostenitori della Terra piatta (Esperimenti amatoriali, osservazioni empiriche, citazioni decontestualizzate)

6. Le “prove” usate dai sostenitori della Terra piatta

(Esperimenti amatoriali, osservazioni empiriche, citazioni decontestualizzate)

Nel tentativo di dimostrare la validità delle proprie convinzioni, i sostenitori della Terra piatta non si limitano a negare la scienza convenzionale: essi producono e divulgano un insieme strutturato di presunte “prove”, esperimenti, testimonianze e interpretazioni soggettive che hanno lo scopo di rafforzare internamente il movimento e attrarre nuovi adepti. Queste "evidenze" vengono spesso presentate come il frutto di ricerche indipendenti e di un'autonomia intellettuale che contrasterebbe l'autorità della scienza ufficiale. In realtà, si tratta per lo più di osservazioni empiriche mal interpretate, esperimenti amatoriali affetti da bias cognitivi o metodologie scorrette, e citazioni estrapolate dal contesto, specialmente da testi scientifici, religiosi o filosofici.

Tra le prove più popolari vi è l'osservazione diretta dell'orizzonte. Molti terrapiattisti affermano che, quando si osserva il mare o una grande pianura, l'orizzonte appare sempre perfettamente piatto e a livello dell'occhio dell'osservatore, indipendentemente dalla sua altezza. Essi concludono quindi che, se la Terra fosse davvero sferica, si dovrebbe notare una curvatura visibile. Questo argomento ignora il fatto che la curvatura terrestre diventa percepibile solo su distanze molto ampie, e che l'occhio umano — anche con l'ausilio di strumenti comuni — non è in grado di rilevare differenze angolari dell'ordine di pochi minuti d'arco. Inoltre, l'atmosfera e la rifrazione della luce contribuiscono a mascherare la curvatura, rendendo l'orizzonte visivamente piatto anche su una superficie sferica.

Un altro esperimento frequentemente citato è quello del **livello ad acqua** su grandi distanze. Alcuni terrapiattisti sostengono che, collocando una livella o un tubo d'acqua lungo un tratto di chilometri, si possa dimostrare che non esiste alcuna pendenza o curvatura. Esperimenti di questo tipo, tuttavia, trascurano completamente il comportamento dell'acqua influenzata dalla gravità e la necessità di strumenti estremamente precisi per rilevare variazioni millimetriche su distanze chilometriche. Similmente, il famoso "test del laser sul lago" — in cui si tenta di proiettare un fascio di luce a livello costante per verificare se colpisce o meno un foro distante — è stato realizzato più volte da sostenitori del terrapiattismo, spesso con risultati che contraddicono le aspettative ma che vengono ignorati o reinterpretati per salvaguardare la teoria.

Oltre agli esperimenti, i terrapiattisti fanno largo uso di **citazioni decontestualizzate**. Brani tratti da scienziati, filosofi antichi, astronauti, e perfino documenti della NASA vengono manipolati per dare l'illusione che ci siano dubbi interni al mondo scientifico sulla sfericità della Terra. Ad esempio, frasi in cui si afferma che "le immagini della Terra sono composte digitalmente" — in riferimento ai mosaici satellitari — vengono presentate come ammissioni di falsificazione. In altri casi, citazioni bibliche come "il firmamento sopra la Terra" o "i quattro angoli del mondo" vengono interpretate letteralmente, come se la lingua poetica o simbolica delle Scritture fosse un trattato di cosmologia fisica.

Una delle prove più frequentemente condivise riguarda le rotte di volo aereo. I terrapiattisti sostengono che alcune tratte intercontinentali avrebbero percorsi più logici su un modello di Terra piatta che su uno sferico. A supporto di questa tesi vengono mostrati grafici di mappe terrapiattiste in cui, ad esempio, i voli tra il Sud America e l'Australia sembrerebbero inspiegabilmente allungati o deviati. Queste affermazioni ignorano completamente le dinamiche dell'aviazione moderna, che tiene conto di rotte polari, venti dominanti, sicurezza e traffico aereo, nonché del fatto che le mappe sferiche vengono appiattite per rappresentazioni bidimensionali, causando distorsioni inevitabili.

I sostenitori della Terra piatta fanno largo uso di esperimenti domestici, registrazioni video e osservazioni quotidiane per sostenere la propria visione del mondo. Molti di questi esperimenti sono ripetuti e diffusi attraverso canali YouTube, blog, podcast e conferenze, e vengono presentati come dimostrazioni definitive contro il modello eliocentrico. Spesso tali esperimenti sono realizzati con strumenti rudimentali — come livelle, palline, luci laser, camere stenopeiche, droni, mongolfiere — e vengono interpretati in modo da rafforzare un pregiudizio di conferma preesistente. Il metodo scientifico viene rifiutato nella sua complessità — ipotesi, misurazioni controllate, peer review, ripetibilità — e viene sostituito da una metodologia individuale fondata sull'"esperienza diretta" o sulla "logica personale".

Uno dei metodi preferiti è il volo con droni o palloni ad alta quota. I terrapiattisti inviano camere GoPro o simili a 30-35 km di altezza, sostenendo che, anche da quell'altitudine, l'orizzonte risulta sempre piatto e stabile. Tuttavia, queste telecamere spesso utilizzano lenti fisheye che distorcono l'immagine, rendendo l'orizzonte curvo o piatto a seconda dell'angolo e dell'obiettivo. Inoltre, l'altitudine raggiunta non è sufficiente per osservare in modo netto la curvatura terrestre, che diventa evidente solo da quote superiori a 50 km — quote raggiungibili solo da razzi suborbitali o veicoli spaziali. Ciononostante, ogni fotogramma che mostra una linea orizzontale viene interpretato come una "prova visiva" contro la sfericità.

Altro elemento ricorrente è l'analisi di edifici visibili a lunga distanza. Molti terrapiattisti fotografano o filmano grattacieli, fari, montagne o città che, secondo loro, dovrebbero essere "nascoste dalla curvatura" se la Terra fosse davvero una sfera. Portano come esempio il Monte Canigou visibile da Marsiglia, il skyline di Chicago visibile da oltre 90 km di distanza, o fari costieri che si vedrebbero interamente anche oltre la linea dell'orizzonte. Questi casi sono spesso spiegabili con fenomeni ottici come la rifrazione atmosferica, l'inversione termica o l'illusione prospettica, ma tali spiegazioni sono ignorate o ritenute parte di un complotto. Per i terrapiattisti, la visibilità di un oggetto lontano è una dimostrazione immediata e definitiva che la curvatura non esiste, senza considerare la fisica della luce, la composizione dell'atmosfera o le condizioni climatiche.

Nel campo linguistico e storico, i terrapiattisti citano spesso documenti antichi o manuali tecnici per sostenere che "nessuno ha mai dimostrato la curvatura della Terra". Si richiamano ad esempio brevetti di strumenti di navigazione, manuali militari statunitensi, carte di volo e tabelle geodetiche, in cui — per semplificazione pratica — si assume una Terra piatta come modello operativo. L'utilizzo di mappe planari per l'artiglieria o di strumenti di calcolo balistico che ignorano la curvatura viene letto come conferma che la scienza militare conosca la verità ma la nasconda. Si tratta però di semplificazioni matematiche o strumenti pensati per distanze brevi, dove gli effetti della curvatura sono trascurabili e dunque ignorabili per praticità, non per negazione del modello sferico.

L'argomentazione religiosa è un altro pilastro fondamentale per molti terrapiattisti. Alcuni passaggi delle Sacre Scritture — in particolare della Bibbia — vengono presi come prova esplicita della piattezza della Terra. Tra i versetti più citati vi sono Isaia 40:22 ("Egli siede sopra il cerchio della terra"), Giobbe 38:4-7 ("Dove eri tu quando io fondavo la terra?"), Apocalisse 7:1 ("Vidi quattro angoli della terra"), o anche i riferimenti al firmamento, alle "acque sopra il cielo" o all'immobilità del Sole. Questi testi vengono letti in senso letterale, assumendo che il linguaggio biblico descriva accuratamente la struttura fisica dell'universo. Gli esegeti moderni, tuttavia, interpretano tali versetti nel loro contesto storico, linguistico e simbolico, senza attribuire loro una valenza scientifica. Ma per molti credenti terrapiattisti, la Bibbia è la massima autorità anche in ambito cosmologico, superiore alla scienza moderna.

Infine, i terrapiattisti amano utilizzare la logica inversa per smontare la narrativa scientifica: affermano, ad esempio, che "se la Terra ruotasse a 1.600 km/h all'equatore, gli aerei non riuscirebbero a volare" oppure "se ci fosse la gravità, l'acqua dovrebbe scivolare via dalla superficie curva". Tali argomentazioni ignorano completamente i principi dell'inerzia, della relatività galileiana, della coesione dei fluidi e dell'attrazione gravitazionale. Sono affermazioni fondate su una comprensione ingenua o volutamente distorta dei principi fisici, ma proprio per questo risultano persuasive a chi non ha una formazione scientifica. Il loro linguaggio semplice, diretto e apparentemente ragionevole crea l'illusione che la scienza tradizionale sia piena di contraddizioni non risolte, rafforzando l'idea che solo i "ricercatori indipendenti" abbiano accesso alla verità.

Un altro elemento ricorrente tra le cosiddette "prove" dei terrapiattisti riguarda le osservazioni stellari. Essi affermano che, se la Terra fosse una sfera in rotazione attorno al proprio asse e in rivoluzione attorno al Sole, allora le costellazioni dovrebbero cambiare completamente posizione da un anno all'altro o addirittura da notte a notte. Poiché le costellazioni restano apparentemente fisse nel cielo notturno, si deduce che la Terra non si muove e che il cielo ruoti attorno a essa. Questo ragionamento, però, non tiene conto delle vastissime distanze tra la Terra e le stelle, che rendono le variazioni prospettiche (parallasse stellare) difficilmente osservabili a occhio nudo. Solo con strumenti astronomici di precisione, infatti, è stato possibile misurare con accuratezza lo spostamento angolare di alcune stelle vicine rispetto a quelle più lontane, confermando la teoria eliocentrica e il moto orbitale terrestre.

Molti terrapiattisti utilizzano la **pendenza degli oceani** come esempio contro la curvatura. A loro dire, se gli oceani seguissero la forma sferica della Terra, l'acqua dovrebbe curvarsi anch'essa, ma poiché l'acqua "trova sempre il suo livello", la superficie marina dovrebbe essere piatta per definizione. Questa argomentazione deriva da un fraintendimento del concetto fisico di "livello": in fisica, infatti, il livello dell'acqua è sempre perpendicolare alla forza di gravità, e su scala planetaria questo crea una superficie sferica, non piatta. Tuttavia, l'analogia con l'acqua nei bicchieri o nei laghi viene applicata impropriamente su scala globale, generando l'illusione che una superficie d'acqua piatta sia incompatibile con un globo.

Un altro fenomeno molto discusso è la mancanza di percezione del movimento terrestre. Secondo i terrapiattisti, se la Terra ruotasse a circa 1.600 km/h all'equatore e si muovesse nello spazio a circa 107.000 km/h intorno al Sole, questi moti dovrebbero essere percepibili dall'essere umano. Viene citato frequentemente l'esempio di qualcuno in piedi su un treno in movimento: si percepiscono vibrazioni, si può perdere l'equilibrio, si sente lo spostamento. Dato che nessuno avverte nulla sulla Terra, essi deducono che essa sia immobile. Questo esempio però trascura i principi dell'inerzia, come formulati da Galileo e da Newton: un sistema chiuso che si muove a velocità costante non produce forze interne rilevabili dai suoi occupanti. È la stessa ragione per cui un passeggero su un aereo in crociera può versarsi il caffè senza che il liquido si rovesci: ciò che conta non è la velocità assoluta, ma le variazioni di velocità (accelerazioni o decelerazioni), che sulla Terra non sono avvertite poiché il movimento è costante e uniforme su scala umana.

Un'altra fonte ricorrente di "prove" terrapiattiste è costituita dalle fotografie satellitari e dalle immagini dallo spazio, considerate universalmente false o alterate digitalmente. Gli scettici della sfericità della Terra affermano che tutte le immagini della NASA siano composte con tecniche di computer grafica, CGI, o che siano elaborate in Photoshop, e dunque prive di validità. In effetti, molte immagini della Terra — specialmente quelle che mostrano l'intero globo — sono mosaici composti da più fotografie scattate da satelliti in orbita bassa e poi riassemblate. Tuttavia, questo non significa che siano false, ma che sono adattate per permettere una visione completa e continua. La mancanza di comprensione del processo di imaging satellitare, dei limiti degli obiettivi fotografici, e della necessità di rielaborazione dei dati grezzi è spesso sfruttata per diffondere il sospetto che le agenzie spaziali stiano mentendo sull'intera struttura del mondo.

A questo si collega anche un altro elemento spesso ripetuto dai sostenitori della Terra piatta: la presunta **impossibilità delle missioni spaziali**. Secondo i più radicali, nessun essere umano è mai andato nello spazio. La NASA, la Roscosmos, l'ESA, e tutte le altre agenzie spaziali internazionali farebbero parte di un vasto complotto volto a mantenere l'illusione del globo terrestre. L'evento più attaccato è ovviamente l'allunaggio del 1969, considerato da molti terrapiattisti (e anche da alcuni complottisti non necessariamente terrapiattisti) come un falso girato in studio, probabilmente con la regia di Stanley Kubrick. Questa teoria si basa su presunti dettagli anomali nelle fotografie — ombre divergenti, bandiera che sventola, assenza di stelle nel cielo — tutti aspetti ampiamente spiegati da esperti e debunkers, ma ignorati o rifiutati dal movimento. La sfiducia nella veridicità delle missioni spaziali serve a consolidare l'idea che la forma della Terra non sia stata mai veramente osservata dall'esterno e che, dunque, tutto il sapere accettato poggi su fondamenta fragili.

Molti terrapiattisti si dedicano anche all'analisi dei **documenti antichi** e dei testi di navigazione, cercando all'interno delle testimonianze storiche prove che supportino l'idea di una Terra piatta. Vengono citati documenti del medioevo in cui si fa riferimento a mappe planari, diari di bordo di navigatori che "non hanno mai visto la curvatura" o testi filosofici in cui si descrive il cosmo come un sistema chiuso e finito. Si afferma, per esempio, che l'assenza di riferimenti espliciti alla curvatura nei resoconti di viaggio di Cristoforo Colombo o Marco Polo sia indicativa del fatto che i grandi esploratori del passato non considerassero affatto la Terra come una sfera. Questi argomenti sono fondati su omissioni e interpretazioni soggettive, che ignorano il contesto culturale e scientifico del tempo, oltre al fatto che molte conoscenze erano implicite o non necessarie alla narrazione degli eventi.

Un ulteriore ambito su cui i sostenitori della Terra piatta si concentrano è quello dei **voli aerei e delle rotte di**

navigazione. Secondo una delle argomentazioni più diffuse, se la Terra fosse realmente una sfera, allora alcune rotte aeree — specialmente quelle intercontinentali nell'emisfero australe — dovrebbero seguire traiettorie molto differenti rispetto a quelle effettivamente tracciate dalle compagnie. I terrapiattisti fanno spesso riferimento a voli tra città dell'emisfero sud, come Santiago del Cile e Sydney, accusando le compagnie aeree di evitare rotte dirette per mascherare la reale mappa della Terra. In realtà, le rotte aeree sono determinate da molteplici fattori: disponibilità di aeroporti di emergenza, correnti aeree favorevoli, zone di guerra o instabilità politica da evitare, costi operativi e accordi internazionali. Il modello di Terra piatta che pongono a confronto spesso distorce completamente le distanze e le posizioni geografiche, il che porta a confronti fuorvianti tra la mappa globale reale e quella planare ipotizzata.

Un'altra presunta "prova" è offerta dai **orizzonti visibili**. I terrapiattisti sostengono che se la Terra fosse realmente curva, allora un osservatore a livello del mare non dovrebbe poter vedere oggetti lontani come isole, edifici o fari oltre una certa distanza, poiché sarebbero nascosti dalla curvatura terrestre. Tuttavia, affermano, con l'uso di potenti teleobiettivi o fotocamere con super-zoom si riescono a scorgere dettagli ben oltre quella che dovrebbe essere la "linea dell'orizzonte". Queste osservazioni vengono interpretate come smentita della curvatura terrestre. In realtà, questo tipo di esperimenti non tiene conto della rifrazione atmosferica, un fenomeno ben documentato e studiato che altera il percorso della luce a causa dei gradienti di temperatura e densità dell'aria. Questo effetto, noto anche come "miraggio inferiore", può far apparire oggetti parzialmente o interamente al di sopra dell'orizzonte, anche se in condizioni ideali sarebbero nascosti. Inoltre, spesso ciò che viene "visto" non è l'intero oggetto ma solo la sua sommità, come nel caso dei grattacieli all'orizzonte o delle navi la cui parte inferiore risulta nascosta — proprio come previsto dalla curvatura terrestre.

I sostenitori della Terra piatta fanno spesso ricorso anche a **esperimenti amatoriali** con strumenti rudimentali, che secondo loro dimostrerebbero l'assenza di curvatura. Un esempio ricorrente è quello dell'uso di un raggio laser o di una livella su specchi d'acqua per mostrare che la superficie resta perfettamente piatta anche su lunghe distanze. Tuttavia, questi esperimenti mancano quasi sempre dei requisiti minimi di controllo scientifico: le misurazioni non considerano variabili ambientali, la precisione degli strumenti è inadeguata, e spesso la metodologia stessa è viziata da errori logici e tecnici. Alcuni video mostrano l'esperimento fatto con un laser a pochi centimetri dalla superficie dell'acqua — una condizione in cui la rifrazione atmosferica è particolarmente accentuata e può portare a risultati fortemente alterati. Inoltre, senza un controllo rigoroso delle altezze relative e delle condizioni atmosferiche, tali "esperimenti" non possono in alcun modo essere considerati prove attendibili contro la curvatura terrestre.

Un'ulteriore "prova" sostenuta dai terrapiattisti si fonda sul **comportamento degli aerei rispetto alla curvatura della Terra**. Essi affermano che, se davvero la Terra fosse curva, allora gli aerei in volo dovrebbero costantemente abbassare il muso per seguire la curvatura del globo, altrimenti si ritroverebbero a "volare nello spazio". Questo ragionamento, sebbene apparentemente intuitivo, ignora completamente il modo in cui funzionano il volo e la fisica atmosferica. Gli aeroplani sono progettati per mantenere un'altitudine costante rispetto al livello del mare attraverso l'equilibrio tra portanza e gravità, regolato automaticamente dai sistemi di volo o dal pilota. Non è necessario "abbassare il muso" attivamente, poiché la curvatura terrestre è talmente lieve su scala locale (circa 8 cm per ogni chilometro quadrato) che il cambiamento di orientamento è continuo e quasi impercettibile. Inoltre, il sistema di navigazione inerziale e i giroscopi compensano automaticamente l'inclinazione della traiettoria in funzione della gravità, che "punta sempre verso il centro della massa terrestre" — indipendentemente dalla latitudine o dalla longitudine.

Anche **l'assunzione erronea che l'orizzonte sia sempre a livello degli occhi** è una delle affermazioni ripetute dai terrapiattisti. Essi sostengono che, indipendentemente da quanto ci si elevi in altitudine, l'orizzonte visibile si trovi sempre all'altezza degli occhi dell'osservatore, cosa che a loro dire dovrebbe essere impossibile se la Terra fosse curva. In realtà, l'orizzonte si abbassa leggermente all'aumentare dell'altezza, ma il cambiamento è così minimo da essere difficilmente percepibile senza strumenti di precisione. A bordo di aerei o mongolfiere, in condizioni ideali, è possibile notare questa discreta variazione. Tuttavia, l'occhio umano tende naturalmente a "riequilibrare" ciò che percepisce rispetto alla posizione del corpo, creando l'illusione che l'orizzonte resti sempre allo stesso livello. Questo effetto psicovisivo viene poi utilizzato per rafforzare la narrazione della piattezza del mondo, ignorando gli studi ottici, le simulazioni geometriche e i dati ottenuti tramite altimetria satellitare.

Se vuoi, posso continuare ancora con altre "prove" comunemente riportate, come il comportamento dei liquidi in contenitori, la presunta assenza di curve nelle ferrovie, la questione dei diritti antartici, o le interpretazioni alternative della gravità. Vuoi che prosegua o preferisci che concluda questo punto?

Il quadro complessivo delle "prove" utilizzate dai sostenitori della Terra piatta appare dunque come un intreccio di osservazioni empiriche superficiali, esperimenti amatoriali spesso mal progettati, interpretazioni parziali e decontestualizzate di dati scientifici, e una profonda diffidenza verso le istituzioni accademiche e governative. Questi elementi, presi singolarmente, possono sembrare suggestivi o capaci di mettere in dubbio alcune certezze consolidate, soprattutto se presentati in modo persuasivo attraverso video, post social, o discorsi pubblici carichi di retorica. Tuttavia, quando vengono esaminati con rigore scientifico e in un contesto più ampio, emerge chiaramente che tali "prove" non reggono a un confronto serio con la vastità e la coerenza delle evidenze a favore della sfericità della Terra.

Molte delle osservazioni empiriche fatte a sostegno della Terra piatta derivano da interpretazioni errate o incomplete di fenomeni naturali, come la rifrazione atmosferica, la percezione visiva dell'orizzonte, o i principi della fisica inerziale. Gli esperimenti amatoriali spesso mancano di controlli rigorosi, di strumentazione adeguata o di un'adeguata metodologia scientifica, elementi indispensabili per ottenere risultati affidabili. Inoltre, la tendenza a estrapolare significati da citazioni scientifiche decontestualizzate o a ignorare il corpo più ampio della letteratura scientifica contribuisce a costruire un'immagine distorta della realtà.

Non meno rilevante è l'aspetto psicologico e sociologico: il bisogno di trovare alternative alle narrazioni ufficiali, la sfiducia nelle autorità e nelle fonti tradizionali, e il desiderio di appartenere a una comunità che condivide una "verità nascosta" sono fattori potenti che sostengono la diffusione e la persistenza di queste teorie. In questo senso, le "prove" terrapiattiste non sono solo un insieme di dati o di esperimenti, ma anche un elemento di identità culturale e di opposizione simbolica al mainstream scientifico.

Pertanto, pur comprendendo l'importanza di analizzare queste "prove" con attenzione e rispetto, è fondamentale riconoscere che la loro natura è spesso più retorica e ideologica che scientifica, e che la validità della forma sferica della Terra si basa su un insieme vasto, coerente e verificabile di osservazioni, esperimenti e teorie sviluppate nel corso dei secoli e continuamente confermate dalle tecnologie e dalle scoperte contemporanee.

7. La comunità terrapiattista: chi sono e cosa cercano (Profilo sociologico, psicologico e culturale)

La comunità terrapiattista contemporanea è un fenomeno complesso e variegato che si sviluppa in modo particolare nell'era digitale, assumendo caratteristiche precise dal punto di vista sociologico, psicologico e culturale. Chi sono i terrapiattisti? Non esiste un profilo univoco, ma è possibile delineare alcune tendenze comuni e motivazioni che spingono le persone ad aderire a questa visione del mondo.

Dal punto di vista sociologico, molti membri della comunità terrapiattista provengono da contesti culturali diversificati, ma spesso condividono un sentimento diffuso di sfiducia verso le istituzioni ufficiali: governi, scienza accademica, media tradizionali e persino organizzazioni internazionali. Questa sfiducia può derivare da esperienze personali di marginalizzazione, percezioni di inganno o manipolazione, o dalla sensazione che la società moderna sia diventata eccessivamente complessa e opaca, lontana dalle esperienze quotidiane. In alcuni casi, il terrapiattismo si intreccia con altre teorie complottiste o movimenti anti-establishment, creando reti di credenze che si rafforzano reciprocamente. La comunità non è quindi solo un gruppo che condivide un'idea geografica o cosmologica, ma un ambiente in cui si alimenta un senso di appartenenza e solidarietà contro un nemico percepito: il "mainstream".

Sul piano psicologico, l'adesione al terrapiattismo può essere vista come una risposta a bisogni profondi di certezza e controllo in un mondo percepito come incerto, caotico o minaccioso. La semplificazione della realtà che la teoria della Terra piatta propone, con confini netti, cause apparenti e un sistema "conosciuto", offre una rassicurazione emotiva a chi si sente perso o confuso. Inoltre, appartenere a una comunità che condivide un sapere "segreto" o "proibito" può accrescere l'autostima e fornire un senso di importanza personale. In alcuni casi, si osserva anche un processo di rafforzamento identitario, in cui la critica al sapere ufficiale diventa parte integrante della propria identità e della propria visione del mondo.

Culturalmente, il terrapiattismo si inserisce in un panorama più ampio di sfide al sapere scientifico tradizionale e alla legittimità delle fonti ufficiali di informazione. Questo fenomeno non è isolato, ma fa parte di un movimento più ampio di "post-verità" in cui i fatti obiettivi sono spesso messi in discussione e il valore dell'esperienza soggettiva o della "verità alternativa" viene elevato a criterio centrale. La diffusione di piattaforme digitali e social media ha facilitato la creazione di comunità virtuali, forum, canali YouTube, podcast e gruppi Facebook dedicati al terrapiattismo, rendendo facile trovare conferme, scambiare idee e organizzare eventi o conferenze. Questi spazi diventano centri di socializzazione e di condivisione di narrative alternative che rafforzano la coesione del gruppo.

Inoltre, la comunità terrapiattista mostra una forte componente generazionale, spesso con una base numerosa di giovani adulti attratti dalla dimensione sovversiva e provocatoria di queste teorie, ma anche di persone più adulte e meno tecnologiche che possono arrivare a queste credenze attraverso percorsi di ricerca personale o contatti con altri sostenitori. L'eterogeneità culturale del gruppo si riflette anche nella varietà di motivazioni religiose, politiche e filosofiche che coesistono al suo interno: alcuni terrapiattisti sono motivati da interpretazioni letterali di testi sacri, altri da convinzioni scientifiche alternative, altri ancora da un interesse per il mistero e il paranormale.

Un aspetto interessante riguarda il ruolo della leadership e delle figure carismatiche all'interno della comunità. Personaggi pubblici, youtuber, influencer o autori di libri su temi terrapiattisti spesso fungono da punti di riferimento, catalizzatori di attenzione e diffusori di informazioni. Essi non solo contribuiscono a definire i contenuti e le narrative del movimento, ma anche a modellare la percezione pubblica della comunità stessa. Questi leader si pongono come guide che "rivelano la verità nascosta", aumentando così la coesione e la motivazione dei seguaci.

In sintesi, la comunità terrapiattista non è soltanto un gruppo di persone che sostiene una particolare teoria cosmologica, ma un fenomeno sociale e culturale che risponde a bisogni profondi di appartenenza, significato e controllo in un mondo complesso. Comprendere chi sono e cosa cercano questi individui richiede un'analisi attenta e sfaccettata, che consideri non solo le idee che promuovono ma anche le dinamiche psicologiche, sociali e culturali che li sostengono e li animano. Vuoi che continui ad approfondire ulteriormente questo punto con esempi specifici o analisi di casi concreti?

La comunità terrapiattista, osservata con attenzione, rivela una serie di dinamiche psicologiche sottili e spesso intrecciate tra loro. Tra i fattori psicologici emergenti, uno dei più rilevanti è il meccanismo di conferma, ovvero la tendenza a cercare, interpretare e ricordare le informazioni in modo da confermare le proprie convinzioni preesistenti. Questo comportamento, amplificato dalle camere dell'eco digitali, rende difficile per i membri della comunità uscire dal circolo chiuso delle idee condivise, poiché ogni nuova informazione viene filtrata e valutata solo se compatibile con la narrazione terrapiattista. La necessità di appartenenza a un gruppo che condivide le stesse credenze si traduce in una forte coesione interna e in una resistenza a qualunque critica esterna, percepita come un attacco diretto non solo alle idee, ma alla propria identità personale.

Dal punto di vista socioculturale, la diffusione del terrapiattismo è spesso connessa a fenomeni più ampi di sfiducia e crisi delle istituzioni tradizionali, ma anche alla crescente complessità della società contemporanea. La scienza moderna, con il suo linguaggio tecnico e le sue spiegazioni talvolta astruse, può apparire distante e inaccessibile, alimentando la sensazione che le verità ufficiali siano riservate a una cerchia ristretta di esperti. In questo contesto, la narrazione della Terra piatta si presenta come un modello semplificato e intuitivo, che permette di riappropriarsi di un senso di controllo e di comprensione diretta del mondo, senza mediazioni complesse o intermediari. La semplicità della teoria e la possibilità di "vederla con i propri occhi" rappresentano un potente richiamo emotivo, soprattutto in un'epoca in cui la disinformazione e le fake news rendono difficile distinguere il vero dal falso.

Un altro aspetto che caratterizza la comunità terrapiattista riguarda il ruolo della narrazione e del racconto condiviso. Le storie che vengono raccontate all'interno del gruppo — come quelle di presunti complotti scientifici, di manipolazioni da parte di governi o organizzazioni segrete, o di scoperte personali fatte tramite esperimenti amatoriali — creano un tessuto narrativo che non è solo informativo, ma profondamente simbolico e identitario. Questi racconti contribuiscono a costruire un "noi" contrapposto a un "loro", in cui il "loro" rappresenta le autorità, gli esperti e il sistema istituzionale che si presume nascondano la verità. Questa dicotomia genera un senso di lotta e di resistenza che rafforza ulteriormente il legame tra i membri della comunità, trasformando la semplice convinzione in una battaglia ideologica e morale.

La comunità terrapiattista è anche caratterizzata da una forte dimensione rituale e performativa. Eventi, conferenze, video in diretta, gruppi di discussione e persino meme sono strumenti attraverso cui si coltiva e si manifesta l'appartenenza al gruppo. Queste attività non solo diffondono le idee, ma creano momenti di condivisione emotiva e di riconoscimento reciproco che rafforzano il senso di identità collettiva. La partecipazione attiva in questi spazi digitali e reali è spesso accompagnata da un sentimento di empowerment, come se aderire al terrapiattismo fosse una forma di ribellione contro un ordine consolidato percepito come ingiusto o corrotto.

Un ulteriore elemento da considerare è il ruolo delle emozioni nel mantenimento della fede nella Terra piatta. Paura, rabbia, sfiducia e desiderio di giustizia sono sentimenti ricorrenti che si intrecciano con la dimensione cognitiva delle convinzioni. La paura di essere ingannati o manipolati alimenta la ricerca di alternative e di spiegazioni più semplici; la rabbia verso le istituzioni percepite come oppressive o ingannevoli spinge alla difesa accanita delle proprie idee; il desiderio di giustizia sociale può manifestarsi come un bisogno di smascherare "la verità nascosta" e di restituire il potere alle persone comuni.

Da un punto di vista culturale, la comunità terrapiattista spesso si sovrappone o si intreccia con altri movimenti di critica radicale al sapere scientifico e istituzionale, come quelli anti-vaccinisti, anti-5G, o complottisti più generici. Questa sovrapposizione crea reti di influenza e di scambio che amplificano la diffusione delle idee, ma anche la difficoltà di intervenire efficacemente con strategie di informazione corretta. Inoltre, in alcune aree geografiche o contesti sociali, la teoria della Terra piatta può assumere significati specifici, intrecciandosi con credenze religiose o tradizionali, o con la storia locale di sfiducia verso il potere centrale.

La componente demografica della comunità terrapiattista è anch'essa interessante. Sebbene non vi siano dati ufficiali precisi, studi e analisi di forum e social indicano una prevalenza di giovani adulti tra i 18 e i 35 anni, in gran parte di sesso maschile, ma con una presenza crescente anche di donne e fasce d'età diverse. Questa varietà riflette la natura trasversale del fenomeno, che riesce a penetrare in diversi ambienti sociali, culturali e professionali, dalla classe operaia ai professionisti, dagli studenti universitari agli appassionati di scienza alternativa.

Un ultimo aspetto degno di nota è il ruolo delle figure carismatiche e dei leader d'opinione all'interno della comunità. Questi individui, spesso youtuber, autori, o speaker, non solo diffondono informazioni, ma costruiscono veri e propri miti intorno a sé, diventando punti di riferimento imprescindibili per molti seguaci. La loro capacità di comunicare in modo semplice, diretto e spesso emotivamente coinvolgente permette di mantenere viva l'attenzione e la partecipazione, anche di fronte a critiche o evidenze contrarie. Il rapporto tra questi leader e la comunità è spesso molto stretto, basato su un rapporto di fiducia e di riconoscimento reciproco che rafforza ulteriormente la coesione interna e la diffusione delle idee.

L'analisi della comunità terrapiattista si arricchisce ulteriormente se si considera l'aspetto della socializzazione digitale e il modo in cui le piattaforme online trasformano radicalmente la partecipazione e la diffusione delle idee. Le community virtuali dedicate alla Terra piatta nascono spesso su forum specializzati, gruppi Facebook, canali YouTube, subreddit e applicazioni di messaggistica come Telegram o Discord. Questi spazi diventano luoghi di aggregazione dove si condividono non solo teorie e "prove", ma anche esperienze personali, racconti, dubbi e confronti diretti che alimentano un senso di vicinanza e fiducia reciproca. La natura asincrona e globale di questi canali permette a persone da tutto il mondo di interagire liberamente, creando una rete di supporto che va ben oltre il semplice scambio di informazioni.

Il formato multimediale di molti contenuti contribuisce a rendere la narrazione più coinvolgente e persuasiva: video esplicativi, animazioni, documentari amatoriali, podcast, infografiche e meme vengono usati per semplificare concetti complessi o per mettere in scena scenari di "verità nascosta". La presenza di volti noti e voci carismatiche, spesso giovani con abilità comunicative, favorisce la creazione di un legame emotivo con il pubblico, rendendo più facile l'accettazione delle idee esposte. Questo aspetto emotivo e visivo è un elemento chiave nella crescita e nel mantenimento della comunità.

Parallelamente, la modalità di funzionamento degli algoritmi delle piattaforme social gioca un ruolo cruciale. Algoritmi studiati per massimizzare il tempo di permanenza degli utenti e favorire contenuti coinvolgenti tendono a creare bolle informative, o "camere dell'eco", in cui chi si interessa di Terra piatta viene progressivamente esposto a materiali sempre più estremi e confermativi, senza il bilanciamento di informazioni contrarie o neutrali. Questo meccanismo rende difficile per i membri della comunità accedere a punti di vista alternativi e spesso consolida le convinzioni radicate, amplificando l'effetto di radicalizzazione cognitiva.

Dal punto di vista psicologico, la sensazione di esclusività e il ruolo di "ricercatore della verità" conferito a ogni membro sono potenti fattori motivazionali. In molti casi, gli aderenti al movimento terrapiattista sviluppano un senso di missione personale, vedendo se stessi come portatori di una conoscenza che sfida e sovverte l'ordine mondiale ufficiale. Questa percezione può aumentare il senso di autoefficacia e di appartenenza, ma allo stesso tempo può anche isolare rispetto a familiari e amici non coinvolti, creando una netta separazione tra "noi" e "loro".

La componente emotiva del movimento, inoltre, si esprime spesso in forme di attivismo digitale e reale, con organizzazione di eventi pubblici, conferenze, raduni e persino proteste. Questi momenti rappresentano occasioni per rinsaldare il gruppo, mostrare la propria visibilità e legittimare pubblicamente le proprie idee, rafforzando così la comunità anche nel mondo reale. A volte, questi eventi diventano spazi di incontro tra diverse sfumature di teorie alternative e complottiste, favorendo contaminazioni ideologiche e collaborazioni trasversali.

Un aspetto interessante è anche la varietà di livelli di coinvolgimento all'interno della comunità stessa: si passa da chi aderisce con curiosità o per semplice interesse intellettuale, a chi investe tempo e risorse nella produzione di contenuti, alla figura dei leader carismatici che guidano il movimento e ne modellano l'immagine pubblica. Questo spettro di partecipazione permette una diffusione capillare delle idee, con nuovi aderenti che possono inserirsi in modo graduale e costruire progressivamente la propria convinzione.

Dal punto di vista culturale, la comunità terrapiattista si confronta anche con dinamiche di stigma sociale e marginalizzazione. Essere identificati come terrapiattisti può comportare esclusione o derisione in ambiti sociali e professionali, cosa che spesso rafforza il senso di appartenenza interna al gruppo e alimenta una retorica vittimistica. Questo circolo vizioso contribuisce a consolidare l'identità di gruppo e a rendere più difficile il dialogo con l'esterno.

La diffusione del terrapiattismo si inserisce inoltre in un contesto globale, con differenze e somiglianze tra le comunità di vari paesi. In alcune culture, il movimento assume connotati più religiosi o spirituali, mentre in altre prevalgono gli aspetti più scientifici o complottisti. Questo pluralismo riflette le molteplici radici culturali e le diverse modalità di interpretare la realtà che convivono all'interno del fenomeno.

L'approfondimento della comunità terrapiattista evidenzia anche come la dimensione identitaria assuma un ruolo centrale nella costruzione e nel mantenimento del gruppo. Spesso chi aderisce a questa visione lo fa non solo per convinzioni scientifiche o religiose, ma perché la teoria della Terra piatta diventa un elemento fondamentale del proprio senso di sé. In questo senso, il terrapiattismo si trasforma in una lente interpretativa attraverso cui leggere e dare significato a molte esperienze personali e sociali, alimentando una visione del mondo che mette in discussione le narrazioni ufficiali e valorizza l'idea di una conoscenza "alternativa" e "nascosta".

Questa identificazione si manifesta anche nella terminologia e nel gergo usato all'interno della comunità, con espressioni e simboli specifici che contribuiscono a definire un linguaggio comune, un codice condiviso che crea coesione e appartenenza. Ad esempio, termini come "flat earther", "sheeple" (persone che seguono acriticamente la massa), o riferimenti a "la verità nascosta" sono diffusamente utilizzati per delineare chi è dentro e chi è fuori dal gruppo. Questo linguaggio codificato favorisce una distinzione netta tra i membri consapevoli e coloro che sono percepiti come vittime dell'inganno collettivo.

Un'altra caratteristica che emerge è la dimensione della sfiducia radicale verso le istituzioni e le fonti ufficiali di informazione. Questa sfiducia non si limita alla sola scienza, ma coinvolge anche governi, media tradizionali, accademie e persino organizzazioni internazionali. La narrazione terrapiattista si alimenta di teorie del complotto che ipotizzano il controllo e la manipolazione delle masse attraverso la diffusione di falsità scientifiche e la censura di verità alternative. Tale atteggiamento rafforza il senso di isolamento e antagonismo nei confronti della società dominante, ma al contempo crea una rete di solidarietà tra i membri, uniti dalla comune opposizione a un nemico percepito.

Dal punto di vista psicologico, l'adesione a questa comunità spesso risponde a bisogni profondi di sicurezza e certezza in un mondo percepito come caotico e incerto. La narrazione della Terra piatta, con le sue spiegazioni semplici e rassicuranti, offre una struttura ordinata che aiuta a ridurre l'ansia esistenziale e la confusione derivante dalla complessità della realtà contemporanea. In questo senso, il terrapiattismo può assumere anche una funzione terapeutica, fornendo un senso di controllo e di prevedibilità.

Inoltre, la dimensione sociale dell'esperienza terrapiattista implica spesso la creazione di nuove relazioni e amicizie, sia online sia offline, che si basano su interessi condivisi e su un sistema di valori comune. Questi legami possono diventare fondamentali per il sostegno emotivo e la costruzione di una rete sociale alternativa a quella tradizionale. La partecipazione a eventi e raduni, ad esempio, rappresenta un'occasione per rafforzare questi legami, celebrare l'appartenenza e condividere momenti di solidarietà.

Va anche considerato come la comunità terrapiattista, grazie alla sua natura decentralizzata e alla mancanza di una struttura gerarchica rigida, permetta una certa fluidità e apertura nei confronti di idee diverse all'interno dello stesso movimento. Pur mantenendo una base comune di convinzioni, infatti, esistono numerose sfumature e varianti che coesistono, dando vita a dibattiti interni e a una pluralità di prospettive. Questa diversità, seppur fonte di qualche conflitto, contribuisce a mantenere viva e dinamica la comunità, favorendo il confronto e l'innovazione teorica.

Non meno importante è il ruolo dei social media e delle nuove tecnologie nella democratizzazione della produzione e della diffusione del sapere all'interno della comunità. Oggi chiunque, anche senza formazione accademica o scientifica, può creare contenuti, diventare un punto di riferimento e influenzare un vasto pubblico. Questo ribalta il tradizionale rapporto tra esperti e pubblico, mettendo in discussione i canoni di autorevolezza e legittimità della conoscenza. Tale processo, pur offrendo opportunità di inclusione e partecipazione, apre però anche la porta a derive di disinformazione e a fenomeni di polarizzazione.

Un ulteriore aspetto da considerare nell'analisi della comunità terrapiattista riguarda il modo in cui si costruisce la narrazione di sé e la percezione dell'identità collettiva attraverso eventi storici, simboli e rituali specifici che vengono adottati e reinterpretati. In molte occasioni, le comunità terrapiattiste fanno riferimento a figure di "pionieri" o "martiri" della causa, individui che avrebbero osato mettere in discussione le verità ufficiali a rischio di ostracismo o persecuzione. Questa mitologia interna rafforza la coesione del gruppo, conferendo un'aura eroica e quasi sacra alla loro missione, e allo stesso tempo alimenta il senso di appartenenza a un movimento che si oppone al "potere occulto".

Le modalità di comunicazione all'interno del gruppo si caratterizzano spesso per un uso frequente di storytelling, cioè di narrazioni personali o collettive che raccontano esperienze di "risveglio" alla "verità". Questi racconti hanno la funzione di legittimare le convinzioni e di stimolare l'emulazione tra i membri, oltre a favorire un senso di continuità storica e di appartenenza a un percorso condiviso. Spesso queste storie si intrecciano con teorie del complotto più ampie, includendo elementi come la manipolazione mediatica, il controllo governativo e la censura sistematica, elementi che contribuiscono a costruire un'immagine complessiva di un mondo diviso tra chi è "illuminato" e chi è "ingannato".

La dimensione emotiva gioca un ruolo cruciale anche nella gestione del dubbio e del confronto con argomentazioni contrarie. In molti casi, i membri della comunità adottano strategie di difesa psicologica come il rifiuto della dissonanza cognitiva, ovvero la tendenza a ignorare o reinterpretare le informazioni che mettono in crisi le proprie convinzioni. Questo fenomeno si manifesta nel rafforzamento delle proprie idee anche di fronte a prove contrarie, attraverso meccanismi come l'interpretazione selettiva, la ricerca di conferme e la delegittimazione delle fonti esterne.

Un'altra dinamica importante riguarda l'interazione tra la comunità terrapiattista e altri movimenti complottisti o ideologie alternative. Spesso si assiste a una sovrapposizione di temi e credenze, con contaminazioni reciproche che ampliano il ventaglio di argomentazioni e motivazioni. Questa sinergia può rafforzare l'identità collettiva, ma al tempo stesso introduce una complessità e una varietà che rendono difficile definire il movimento in modo univoco. Si tratta di un ecosistema culturale fluido, dove le idee si intrecciano e si evolvono in continuazione.

Il ruolo delle tecnologie digitali, in particolare dei social network, è fondamentale anche per l'organizzazione e la mobilitazione della comunità. Gli strumenti online permettono di coordinare eventi, campagne di sensibilizzazione, raccolte di firme e azioni di pressione su media e istituzioni. Questa capacità di attivismo digitale contribuisce a dare visibilità al movimento e a rafforzarne il senso di efficacia e partecipazione attiva. Allo stesso tempo, l'uso strategico di piattaforme video e podcast favorisce la diffusione di messaggi in forme persuasive e coinvolgenti.

Da un punto di vista demografico, la comunità terrapiattista presenta una composizione variegata, che include persone di diversa età, provenienza geografica, livello di istruzione e background socio-economico. Tuttavia, alcuni studi indicano una presenza significativa di giovani adulti e di individui con una certa familiarità con la tecnologia digitale, fattori che facilitano la partecipazione attiva e la produzione di contenuti. Le motivazioni possono variare da interesse intellettuale e curiosità, a esigenze di appartenenza sociale e ricerca di senso, fino a veri e propri orientamenti ideologici.

In aggiunta, è possibile osservare come la comunità terrapiattista spesso si confronti con questioni più ampie legate alla fiducia nella scienza, alla percezione delle autorità e al ruolo della conoscenza nella società contemporanea. In questo senso, il movimento rappresenta un fenomeno simbolico che riflette tensioni culturali, sociali e psicologiche profondamente radicate, mettendo in luce la complessità del rapporto tra individui, istituzioni e informazione.

Un aspetto ulteriore e particolarmente interessante della comunità terrapiattista riguarda il modo in cui essa si relaziona con il concetto di autorità e verità nel contesto contemporaneo, dove la crisi della fiducia nelle istituzioni si manifesta con forza crescente. Per molti membri della comunità, la convinzione nella Terra piatta diventa una forma di resistenza culturale e intellettuale nei confronti di un sistema percepito come opprimente, manipolatorio e incapace di rappresentare realmente gli interessi delle persone comuni. Questo porta a una sorta di "rivoluzione epistemologica" interna, in cui il riconoscimento e la legittimazione della conoscenza passano attraverso canali alternativi, non istituzionali, come blog personali, forum specializzati, e comunità online autonome.

Questa dinamica produce anche una ridefinizione della nozione stessa di "verità": ciò che è considerato vero non è più necessariamente ciò che è dimostrato o scientificamente validato, ma ciò che si percepisce come coerente con l'esperienza personale, con le osservazioni quotidiane o con narrazioni che risuonano emotivamente e culturalmente. In questo senso, la verità diventa un concetto fluido, soggettivo, spesso contrapposto alla verità ufficiale che viene vista come una costruzione ideologica o un inganno di massa. Questo spostamento epistemico ha profonde implicazioni sia sul piano individuale, per il modo in cui si costruisce l'identità cognitiva, sia su quello collettivo, per le modalità di interazione sociale e politica.

L'importanza delle reti sociali digitali emerge in modo ancora più marcato se si considerano le strategie di comunicazione e diffusione dei contenuti da parte dei terrapiattisti. Questi utilizzano non solo piattaforme popolari come YouTube, Facebook o Twitter, ma anche spazi più di nicchia, come Telegram o Discord, che offrono ambienti meno controllati e più favorevoli alla circolazione di idee non convenzionali. Tali ambienti digitali permettono una maggiore libertà di espressione e creano "bolle informative" altamente omogenee, dove la conferma reciproca rafforza le convinzioni e si minimizzano le critiche o i dubbi.

L'interazione all'interno di questi gruppi virtuali ha caratteristiche tipiche delle comunità di credenze alternative: la frequente condivisione di contenuti multimediali, la partecipazione a webinar e live streaming, il coinvolgimento in discussioni intense e spesso polarizzate, e l'organizzazione di eventi online e offline. Queste attività non solo mantengono alta la motivazione degli aderenti, ma contribuiscono anche a consolidare un'identità collettiva forte, che si esprime attraverso simboli, linguaggi e rituali digitali specifici. Inoltre, la dimensione ludica e spettacolare di molti contenuti favorisce un coinvolgimento emotivo che rende più difficile la dissonanza cognitiva.

Un ulteriore elemento che contribuisce alla tenuta e all'espansione della comunità terrapiattista riguarda le dinamiche di leadership e di influenza interna. Pur non essendo un movimento centralizzato, emergono figure carismatiche o influencer digitali che esercitano un ruolo significativo nella definizione delle narrazioni, nell'orientamento delle discussioni e nella mobilitazione delle adesioni. Questi leader non sempre hanno una formazione scientifica o accademica, ma spesso possiedono abilità comunicative e di persuasione particolarmente efficaci, oltre a una forte presenza online. La loro capacità di costruire una base di follower fedeli contribuisce a mantenere viva la comunità e a diffondere le idee terrapiattiste su scala globale.

Dal punto di vista culturale, l'adesione a queste idee può essere vista anche come una risposta a forme di alienazione e insoddisfazione diffuse nella società contemporanea. La complessità crescente del mondo moderno, il senso di precarietà economica, la perdita di punti di riferimento tradizionali e la diffusione di informazioni spesso contraddittorie generano una condizione di disorientamento e di sfiducia che rende fertile il terreno per la diffusione di teorie alternative e di movimenti che promettono risposte semplici e dirette. In questo contesto, il terrapiattismo diventa un modo per riappropriarsi di un senso di controllo e di comprensione del mondo.

Non va sottovalutata inoltre la dimensione emotiva e affettiva che accompagna il percorso di adesione e partecipazione alla comunità. La sensazione di far parte di un gruppo esclusivo, la condivisione di battaglie "contro il sistema" e la costruzione di amicizie fondate su interessi e convinzioni comuni alimentano un legame profondo che va oltre la semplice adesione intellettuale. Questo coinvolgimento personale contribuisce a spiegare la difficoltà di abbandonare la comunità o di rivedere le proprie posizioni, nonostante le critiche esterne o le evidenze contrarie.

Infine, la comunità terrapiattista spesso si configura come uno spazio in cui si intrecciano dimensioni diverse: scientifica, filosofica, politica, spirituale e sociale. Questo intreccio rende complessa la sua analisi e impone un approccio multidisciplinare per comprenderne appieno le dinamiche, le motivazioni e le conseguenze. Se ti interessa, posso aiutarti a esplorare più a fondo uno o più di questi aspetti specifici, o passare al punto successivo della lista. Vuoi?

Un altro elemento fondamentale nel comprendere la comunità terrapiattista riguarda il ruolo della narrazione identitaria, ovvero come gli individui costruiscono e articolano la propria esperienza all'interno del gruppo attraverso storie condivise che danno senso al loro percorso. Queste narrazioni spesso ruotano attorno all'idea di una scoperta personale, di un "risveglio" da una condizione di ignoranza imposta, e fungono da strumento per legittimare la propria appartenenza e per motivare l'impegno nel diffondere la dottrina. Questi racconti possono assumere la forma di testimonianze di esperienze vissute, come l'osservazione diretta di fenomeni naturali che sembrerebbero contraddire il modello scientifico ufficiale, o di incontri con esperti o figure che avrebbero confermato la veridicità delle teorie terrapiattiste.

La dimensione comunitaria si rafforza attraverso rituali di conferma collettiva che si manifestano in incontri sia virtuali sia reali, che spaziano da webinar e live streaming a conferenze e raduni. Questi momenti di aggregazione sono fondamentali per mantenere viva la coesione e per offrire un senso di appartenenza che spesso manca in altre aree della vita dei partecipanti. L'esperienza di sentirsi parte di una "comunità del sapere" alternativa produce un effetto di coesione emotiva e intellettuale, che contribuisce a consolidare le convinzioni e a rafforzare la resistenza alle critiche esterne.

Dal punto di vista psicologico, la ricerca di un senso di sicurezza cognitiva e affettiva è una motivazione centrale per molti aderenti. In un mondo caratterizzato da incertezze e complessità, l'adesione a un sistema di credenze che offre risposte chiare e un quadro interpretativo coerente rappresenta una forma di ancoraggio stabile. Inoltre, la condivisione di una visione del mondo alternativa permette di distinguersi da una massa percepita come passiva o ingannata, offrendo un'identità che si nutre di un senso di esclusività e di superiorità conoscitiva.

Le dinamiche sociali interne alla comunità mostrano anche fenomeni di polarizzazione e di radicalizzazione, in cui i membri tendono a chiudersi in bolle comunicative sempre più ristrette e impermeabili a punti di vista divergenti. Questo processo è alimentato sia dalle logiche degli algoritmi delle piattaforme digitali, che premiano contenuti sensazionalistici e polarizzanti, sia da strategie comunicative interne che enfatizzano la necessità di difendere il gruppo da attacchi esterni. In tal modo, la comunità si autoperpetua e si rafforza, mentre il dialogo con l'esterno si fa sempre più difficile.

Un altro aspetto rilevante riguarda la funzione sociale della comunità terrapiattista come luogo di sperimentazione di alternative culturali e politiche. In alcuni casi, infatti, l'adesione al terrapiattismo si intreccia con l'adesione a movimenti più ampi di critica al sistema dominante, che includono posizioni antisistema, antiscientifiche, ma anche ideologie libertarie o anarchiche. Questo intreccio contribuisce a fare del terrapiattismo non solo una teoria della forma della Terra, ma un fenomeno più ampio, che coinvolge aspetti di identità culturale, politica e sociale.

La diffusione di contenuti terrapiattisti, inoltre, non è soltanto il frutto di una semplice condivisione di idee, ma spesso si presenta come un'attività politica e simbolica, che mira a mettere in discussione l'autorità della scienza istituzionale e delle élite politiche, e a proporre una diversa concezione del potere e della conoscenza. Questa dimensione di contestazione si traduce in pratiche di comunicazione che enfatizzano il ruolo del "coraggio" e della "libertà di pensiero", rappresentati come valori fondamentali che giustificano l'adozione di posizioni controcorrente.

Le implicazioni di questa dinamica sono molteplici, e riguardano sia la sfera personale, con l'affermazione di nuove forme di identità e di appartenenza, sia la sfera pubblica, con la diffusione di discorsi che possono influenzare la percezione collettiva della realtà e la partecipazione civica. La comunità terrapiattista, dunque, può essere vista come un microcosmo che riflette tensioni più ampie legate alla crisi della modernità, alla trasformazione dei modelli di comunicazione e alla ridefinizione del rapporto tra scienza, politica e società.

Per concludere in modo esaustivo l'analisi della comunità terrapiattista, è importante sottolineare come essa rappresenti un fenomeno complesso e multidimensionale, che va oltre la semplice adesione a una teoria alternativa sulla forma della Terra. La comunità si configura come un insieme variegato di individui uniti da convinzioni condivise ma anche da motivazioni emotive, culturali e sociali profonde, che trovano espressione in una rete globale di comunicazione e supporto. Questo gruppo non solo sfida le conoscenze scientifiche consolidate, ma offre anche un contesto in cui si ridefiniscono i concetti di autorità, verità e identità, spesso in risposta a una diffusa sfiducia nei confronti delle istituzioni tradizionali e dei media mainstream.

La coesione interna è mantenuta attraverso un mix di pratiche sociali, narrazioni condivise, leadership carismatica e ambienti digitali che favoriscono la diffusione e la conferma delle idee. Questi elementi contribuiscono a creare una forte identità collettiva che conferisce ai membri un senso di appartenenza e scopo, elementi essenziali per comprendere la resilienza del movimento anche di fronte a critiche e smentite scientifiche. Inoltre, il terrapiattismo agisce come una lente attraverso cui si esprimono esigenze più ampie di riconoscimento, controllo e significato in un mondo percepito come complesso e incerto.

Dal punto di vista sociologico e psicologico, la comunità terrapiattista riflette dinamiche tipiche di molti movimenti di credenze alternative, in cui il desiderio di certezza, la ricerca di un'identità distintiva e la resistenza a narrazioni dominanti si intrecciano con l'uso delle nuove tecnologie di comunicazione. Questo rende il fenomeno non solo un oggetto di studio interessante, ma anche una sfida per chi si occupa di educazione, divulgazione scientifica e politica della comunicazione.

In definitiva, comprendere chi sono i terrapiattisti e cosa cercano significa guardare oltre la superficie della teoria stessa, entrando nel cuore di questioni più ampie legate alla natura della conoscenza, al ruolo della scienza nella società e alle trasformazioni culturali del nostro tempo. Se desideri, possiamo procedere ad esplorare il prossimo punto della lista o approfondire ulteriormente qualche aspetto specifico di questo tema.

8. Debunking scientifico: risposte della scienza punto per punto (Curvatura terrestre, satelliti, GPS, foto dallo spazio, navigazione)

Perfetto, ecco un primo approfondimento dettagliato e ricco di informazioni sul punto 8, dedicato al debunking scientifico delle teorie terrapiattiste, con un approccio punto per punto agli argomenti più comuni che i sostenitori della Terra piatta portano a supporto delle loro convinzioni.

Il debunking scientifico delle teorie terrapiattiste rappresenta una delle attività più cruciali per la divulgazione e la corretta comprensione del mondo fisico, perché si confronta direttamente con affermazioni che, se accettate senza critica, possono minare la fiducia nella scienza e nella realtà empirica. Uno dei primi argomenti affrontati è la curvatura terrestre, ovvero l'idea che la superficie terrestre non sia piatta ma curva secondo una sfera o un geoide. La scienza dimostra la curvatura della Terra in diversi modi, a partire dalle osservazioni più semplici e antiche, come la diversa altezza del sole rispetto all'orizzonte in luoghi distanti o la forma delle ombre proiettate durante un'eclissi. Esperimenti di precisione più recenti, come quelli realizzati con il laser o misure di altitudine, confermano che la superficie terrestre non è piatta ma ha una curvatura costante.

Un'altra argomentazione scientifica fondamentale è il funzionamento dei satelliti artificiali, che i terrapiattisti spesso negano o descrivono come parte di un complotto. I satelliti orbitano attorno alla Terra seguendo leggi precise della meccanica celeste, e la loro presenza è dimostrata in modo tangibile sia dagli esperimenti amatoriali che da quelli professionali. Ad esempio, le trasmissioni televisive satellitari, la telefonia mobile, le previsioni meteorologiche e il sistema GPS si basano su satelliti che orbitano realmente intorno al pianeta. Il tracciamento dei loro segnali e la loro osservazione diretta tramite telescopi amatoriali sono evidenze che confutano l'idea che non esistano o che siano una finzione.

Il GPS (Global Positioning System) è un sistema di navigazione satellitare globale che permette di determinare la posizione di un ricevitore con altissima precisione. Funziona grazie a una rete di almeno 24 satelliti in orbita terrestre media, i cui segnali vengono ricevuti da dispositivi sulla superficie terrestre. La geometria della posizione, che richiede la misurazione del tempo di trasmissione dei segnali da diversi satelliti, è possibile solo in un sistema a Terra sferica. Se la Terra fosse piatta, la geolocalizzazione così precisa e universale sarebbe impossibile da realizzare con le tecnologie attuali e con la disposizione attuale dei satelliti.

Le foto dallo spazio rappresentano un'altra categoria di prove molto importanti, ma anche frequentemente contestate dai terrapiattisti. Queste immagini, scattate da satelliti, sonde spaziali e astronauti a bordo della Stazione Spaziale Internazionale (ISS) o delle missioni Apollo, mostrano la Terra come un globo. La scienza spiega anche la presenza di immagini satellitari compositate, cioè costruite da più scatti, come una tecnica standard e necessaria per fornire viste dettagliate e complete, e non come una prova di falsificazione. Numerosi esperimenti indipendenti, come le fotografie effettuate da dilettanti con palloni sonda o telescopi, confermano le immagini ufficiali.

La navigazione moderna, specialmente quella aerea e marittima, si basa su modelli di Terra sferica per calcolare rotte, tempi e consumi di carburante. La distanza tra due punti sulla superficie terrestre, calcolata come arco di cerchio massimo (grande cerchio), è la base per pianificare voli transcontinentali e traversate oceaniche. Se la Terra fosse piatta, queste rotte non avrebbero senso e le mappe e i sistemi di navigazione moderni non funzionerebbero correttamente. Inoltre, la variazione delle coordinate geografiche in funzione della curvatura terrestre è verificabile con strumenti e tecniche di misura a terra.

In aggiunta a questi argomenti, la fisica classica e la geofisica forniscono spiegazioni coerenti del fenomeno della gravità, che spiega perché oggetti e persone rimangono aderenti alla superficie terrestre e perché l'atmosfera resta intorno al pianeta. Il modello della Terra piatta fatica a spiegare tali fenomeni senza contraddizioni e richiede ipotesi aggiuntive prive di evidenze sperimentali.

In sintesi, la risposta scientifica alle teorie terrapiattiste si fonda su una vasta gamma di evidenze empiriche, strumenti tecnologici, esperimenti e osservazioni dirette, che, in modo convergente e coerente, confermano la forma sferica o geoide della Terra. Questi elementi costituiscono una solida base per contrastare efficacemente le affermazioni errate e per promuovere una comprensione più accurata del nostro pianeta e dell'universo.

Un ulteriore aspetto centrale nel debunking scientifico delle teorie terrapiattiste riguarda l'analisi dettagliata degli esperimenti che dimostrano la curvatura terrestre, spesso replicabili anche con mezzi amatoriali ma che, nonostante la loro semplicità, forniscono prove inoppugnabili. Ad esempio, uno degli esperimenti più noti è quello dell'osservazione delle navi che scompaiono progressivamente all'orizzonte: se la Terra fosse piatta, si vedrebbero le navi allontanarsi senza mai sparire completamente, mentre nella realtà esse spariscono dalla vista prima di perdere completamente la distanza a causa della curvatura del mare che le nasconde. Questo fenomeno è spiegabile solo se la superficie dell'acqua è curva, e in molte località è stato verificato con l'uso di telescopi o binocoli, osservando come prima scompaiono gli scafi, poi gli alberi e infine le parti più alte, in perfetta coerenza con una superficie sferica.

Parallelamente, la misurazione delle ombre proiettate durante il giorno è stata una tecnica storica utilizzata già da Eratostene per calcolare la circonferenza terrestre, ma è tuttora un metodo semplice e affidabile per dimostrare la curvatura. Osservando contemporaneamente le ombre in due località distanti sulla superficie terrestre, si evidenzia che l'angolo di inclinazione del sole rispetto all'orizzonte varia in modo che non sarebbe possibile su una Terra piatta. Questo esperimento è ripetibile con strumenti elementari come bastoni e righelli, e molte persone l'hanno condotto autonomamente per verificare la validità di questa prova.

La tecnologia moderna ha inoltre permesso di superare i limiti delle osservazioni visive, attraverso l'uso di radar, laser e misure satellitari che rilevano con estrema precisione la forma del pianeta. Ad esempio, i sistemi di altimetria satellitare misurano l'altezza delle superfici oceaniche, rivelando la curvatura e le irregolarità topografiche del globo terrestre. Questi dati, incrociati con modelli geofisici, forniscono una mappa tridimensionale della Terra utilizzata in molte applicazioni, dalla meteorologia alla geologia, con un grado di accuratezza impossibile da raggiungere se la Terra fosse piatta.

Un ulteriore elemento di confutazione riguarda le orbite dei satelliti. I satelliti non sono semplicemente "appesi" al cielo, ma seguono orbite precise determinate dalla gravità terrestre, che comportano velocità e traiettorie misurabili e predicibili. I satelliti geostazionari, ad esempio, orbitano alla stessa velocità della rotazione terrestre e rimangono fissi rispetto a un punto sulla superficie, permettendo comunicazioni stabili. Questo è un fenomeno che non avrebbe senso se la Terra fosse piatta, poiché la dinamica orbitale è direttamente legata alla forma sferica del pianeta e alla sua massa concentrata.

Il GPS, come sistema di navigazione satellitare globale, è una delle prove più concrete della forma della Terra. Ogni dispositivo GPS calcola la propria posizione ricevendo segnali da almeno quattro satelliti in orbita, sfruttando il tempo di volo dei segnali radio per triangolare la posizione precisa in tre dimensioni. Se la Terra fosse piatta, la geometria e la sincronizzazione di questi segnali non potrebbero funzionare come osserviamo, e i dati di posizione sarebbero incoerenti. La precisione dei GPS moderni, con errori spesso inferiori a pochi metri, è stata verificata innumerevoli volte, anche da scettici e tecnici indipendenti.

Le fotografie dallo spazio, nonostante siano spesso contestate come "false" o "composite", sono confermate da molteplici fonti indipendenti, tra cui agenzie spaziali di diversi paesi e missioni private. Oltre alle immagini, la telemetria, i dati scientifici raccolti e le comunicazioni radio tra i satelliti e le stazioni a terra confermano la reale esistenza di una Terra sferica vista dallo spazio. I "live feed" dalla Stazione Spaziale Internazionale mostrano continuamente la curvatura terrestre e la rotazione del pianeta, fenomeni impossibili da falsificare in modo credibile su larga scala.

Per quanto riguarda la navigazione, le rotte aeree e navali utilizzano mappe basate su proiezioni di una Terra sferica. Le rotte aeree più brevi tra due punti distanti, dette rotte di grande cerchio, non seguono linee rette su mappe piatte ma percorsi curvi che risultano dai calcoli sulla superficie curva del globo. Questo comporta una significativa riduzione di tempo e consumo di carburante, ed è ampiamente documentato e verificato dagli operatori di volo. Se la Terra fosse piatta, questi calcoli non sarebbero coerenti, e i piloti noterebbero discrepanze evidenti nei loro percorsi.

Infine, i fenomeni atmosferici e gravitazionali sono strettamente collegati alla forma sferica della Terra. La gravità, spiegata come la forza di attrazione di una massa sferica, spiega perché l'atmosfera resta attorno al pianeta e perché gli oggetti cadono "verso il basso" in ogni punto della superficie. I terrapiattisti non riescono a fornire spiegazioni coerenti per la gravità e spesso ricorrono a ipotesi alternative come la “spinta verso l’alto”, che non trovano alcun riscontro sperimentale e non giustificano molte osservazioni quotidiane e scientifiche.

Un ulteriore filone di confutazione scientifica riguarda le osservazioni astronomiche e le loro implicazioni sulla forma della Terra. La visibilità delle stelle cambia a seconda della latitudine, fenomeno noto da millenni e che può essere osservato direttamente a occhio nudo o con strumenti amatoriali. Su una Terra sferica, cambiando la posizione nord-sud, si notano variazioni nel cielo stellato, con alcune costellazioni che appaiono o scompaiono all’orizzonte. Se la Terra fosse piatta, il cielo notturno sarebbe praticamente identico da qualsiasi punto della sua superficie, ma questa evidenza è in netto contrasto con le affermazioni terrapiattiste, che non riescono a spiegare adeguatamente questa differenza osservabile da chiunque.

Le eclissi lunari sono un altro fenomeno che fornisce una prova visiva della sfericità della Terra. Durante un’eclissi lunare, la Terra si interpone tra il Sole e la Luna, proiettando un’ombra che appare sempre circolare sulla superficie lunare. Questa ombra può essere vista chiaramente con telescopi o anche ad occhio nudo in condizioni di buona visibilità. La forma dell’ombra è coerente solo con un corpo sferico, perché un’ombra circolare è prodotta esclusivamente da una forma rotonda, indipendentemente dall’angolo di osservazione. Questo evento astronomico è stato osservato e registrato da molte culture nel corso della storia, contribuendo alla comprensione della Terra come globo.

Anche le misurazioni geodetiche e i rilievi topografici a lunga distanza confermano la curvatura terrestre. Tecnici e ingegneri utilizzano dispositivi come il livellamento geodetico e il GPS differenziale per mappare con precisione la superficie terrestre, tenendo conto della sua curvatura per garantire l’accuratezza delle costruzioni e delle infrastrutture. In molti casi, la correzione per la curvatura è indispensabile per evitare errori significativi, come nel tracciamento di ponti, dighe o linee ferroviarie su grandi distanze. Se la Terra fosse piatta, questi calcoli sarebbero inutili o addirittura errati, ma le applicazioni pratiche dimostrano che invece sono necessari.

Un'ulteriore conferma proviene dai voli di linea intercontinentali che percorrono rotte specifiche in corrispondenza di un globo. Per esempio, alcune rotte che sembrerebbero paradossali su una mappa piatta – come voli dall'Australia all'America del Sud che passano vicino all'Antartide – sono perfettamente razionali e più brevi se interpretate su una Terra sferica. I piloti e le compagnie aeree usano sistemi di navigazione satellitare e piani di volo basati su questo modello, e le discrepanze rispetto a un modello piatto sono così evidenti che, senza la sfericità, l'intero sistema di trasporti aerei sarebbe inefficiente o insostenibile.

La fisica delle maree rappresenta un altro campo di studio che supporta il modello della Terra sferica in orbita attorno al Sole. Le maree sono causate dall'interazione gravitazionale della Terra con la Luna e, in misura minore, con il Sole. L'attrazione gravitazionale provoca l'innalzamento e l'abbassamento periodico delle masse d'acqua, un fenomeno che segue modelli matematici precisi e predicibili. Se la Terra fosse piatta, questi modelli e la spiegazione fisica delle maree non sarebbero validi o richiederebbero teorie alternative non supportate da evidenze sperimentali.

In campo tecnologico, le missioni spaziali recenti hanno dimostrato ancora una volta la realtà della Terra sferica, non solo con immagini ma anche con la raccolta di dati scientifici a supporto di numerose discipline, dalla meteorologia alla fisica dell'atmosfera. Le osservazioni da telescopi spaziali, le missioni di esplorazione di altri pianeti e le comunicazioni interplanetarie dipendono da modelli accurati della Terra come globo, poiché questi determinano calcoli di traiettorie e tempistiche essenziali per il successo delle missioni.

Inoltre, la meteorologia moderna si basa su modelli computazionali che considerano la rotazione terrestre, la forma sferica e la distribuzione dell'energia solare sulla superficie. Le previsioni del tempo sono accurate e confermate costantemente grazie a dati raccolti da satelliti e stazioni meteorologiche distribuite su tutto il globo. Un modello di Terra piatta non riuscirebbe a replicare la complessità di questi fenomeni climatici e a fornire previsioni così precise e affidabili.

Questi esempi costituiscono solo una parte delle molteplici linee di evidenza scientifica che confutano con forza e rigore le teorie terrapiattiste. La convergenza di dati e osservazioni da campi diversi crea un quadro coerente e robusto, in cui ogni teoria alternativa deve confrontarsi con una mole impressionante di prove e risultati verificati nel tempo.

Un altro ambito fondamentale nel confutare le teorie terrapiattiste riguarda le tecniche di comunicazione e osservazione satellitare che permeano la nostra vita quotidiana. La trasmissione televisiva via satellite, ad esempio, si basa su una rete di satelliti posizionati in orbita geostazionaria attorno alla Terra. Questi satelliti mantengono una posizione fissa rispetto alla superficie terrestre, orbitando alla stessa velocità angolare della rotazione terrestre. Tale stabilità è possibile solo su un corpo sferico e rotante: se la Terra fosse piatta, non sarebbe possibile mantenere questa sincronia e le trasmissioni satellitari avrebbero frequenti interruzioni o deviazioni imprevedibili. Le apparecchiature di ricezione domestiche, come le parabole satellitari, sono orientate con precisione verso questi satelliti, confermando empiricamente la loro posizione nello spazio e, indirettamente, la forma sferica della Terra.

In ambito scientifico, le osservazioni radar e lidar della superficie terrestre effettuate da satelliti in orbita bassa permettono di ottenere immagini tridimensionali dettagliate e mappe di elevazione che rivelano la curvatura del pianeta. Questi dati sono impiegati non solo per la cartografia, ma anche per studi sul cambiamento climatico, monitoraggio di ghiacciai, foreste e deserti. L'analisi di questi dati conferma continuamente la natura sferica della Terra, e la loro coerenza con modelli matematici e fisici rende impossibile che si tratti di dati falsificati o errati.

Gli orologi atomici a bordo dei satelliti GPS rappresentano un'ulteriore prova della necessità di modelli accurati della Terra. Questi orologi, estremamente precisi, devono essere sincronizzati tenendo conto della relatività generale e speciale, fenomeni che dipendono dalla gravità e dalla velocità di movimento nel campo gravitazionale terrestre. La relatività generale predice che il tempo scorre diversamente a seconda della distanza dalla massa terrestre e della velocità: questi effetti sono misurati e corretti continuamente per mantenere la precisione del GPS. Se la Terra fosse piatta, non esisterebbero questi effetti relativistici con le stesse caratteristiche, né la necessità di tali correzioni, il che è in netto contrasto con la realtà delle tecnologie moderne.

Le prove scientifiche si estendono anche al campo dell'astronomia osservativa amatoriale e professionale. Gli astrofili che osservano il cielo notturno documentano con fotografie e misurazioni come la posizione e il movimento dei pianeti, delle stelle e della Luna siano coerenti con modelli eliocentrici e con una Terra sferica in rotazione. Le eclissi solari, lunari, le fasi lunari e i moti planetari si spiegano perfettamente con queste geometrie, mentre risultano incoerenti con la Terra piatta. Inoltre, le misurazioni della parallasse stellare, un fenomeno che permette di misurare la distanza delle stelle vicine tramite il cambio apparente di posizione osservato da punti diversi della Terra, supportano chiaramente la rotazione e la curvatura del pianeta.

L'educazione scientifica diffusa in tutto il mondo ha permesso a milioni di persone di replicare semplici esperimenti che dimostrano la rotondità della Terra senza la necessità di strumenti sofisticati. Ad esempio, osservazioni durante le diverse stagioni mostrano come il percorso apparente del Sole nel cielo cambi in modo prevedibile in base alla latitudine e al periodo dell'anno, una realtà incompatibile con la Terra piatta. Molte scuole e università includono tali esperimenti nei loro programmi didattici proprio per permettere agli studenti di comprendere empiricamente il modello scientifico accettato.

I terrapiattisti spesso sostengono che le immagini satellitari siano manipolate o che le missioni spaziali siano una frode complessa. Tuttavia, molte agenzie spaziali indipendenti, private e governative, operano su scala globale, condividendo dati e collaborando su progetti internazionali. La cooperazione tra paesi con interessi geopolitici spesso contrastanti rende altamente improbabile una cospirazione così vasta e duratura. Inoltre, i dati spaziali sono spesso accessibili anche a ricercatori e appassionati esterni, che possono analizzarli liberamente e confrontarli con osservazioni indipendenti.

Le simulazioni computerizzate utilizzate per pianificare missioni spaziali, analizzare fenomeni geofisici e prevedere eventi atmosferici si basano su modelli matematici che assumono una Terra sferica. La precisione e la capacità predittiva di questi modelli sono testimoni dell'accuratezza delle ipotesi di base, e i risultati ottenuti sono continuamente verificati con misurazioni reali. Ogni deviazione significativa rispetto a questi modelli sarebbe immediatamente rilevata e invaliderebbe interi campi di studio, cosa che non si verifica.

L'insieme di queste evidenze scientifiche, tecnologiche, osservazionali e sperimentali costituisce un sistema complesso e interconnesso, il cui funzionamento dipende in modo imprescindibile dalla forma sferica della Terra. Questo sistema rende le teorie terrapiattiste difficilmente sostenibili di fronte alla realtà empirica e ai progressi della scienza e della tecnologia moderna.

Un'ulteriore area che fornisce evidenze inequivocabili contro la teoria della Terra piatta è rappresentata dagli esperimenti di navigazione e dalla geolocalizzazione, attività oggi fondamentali per il trasporto, la logistica e la comunicazione globale. La navigazione aerea e marittima si basa su coordinate geografiche che presuppongono una Terra sferica: latitudine, longitudine e altitudine sono misurate e utilizzate per tracciare rotte precise e sicure. I sistemi di navigazione globale (GNSS), tra cui il GPS americano, il GLONASS russo e il Galileo europeo, funzionano grazie a costellazioni di satelliti che orbitano attorno alla Terra e trasmettono segnali con informazioni temporali e spaziali. Questi segnali sono ricevuti da dispositivi a terra che calcolano la posizione con precisione, un processo che sarebbe impossibile se la Terra non fosse un globo, dato che i calcoli di trilaterazione si basano su distanze e angoli calcolati su una superficie curva.

Inoltre, gli esperimenti di circumnavigazione hanno storicamente dimostrato che è possibile viaggiare in linea retta e tornare al punto di partenza, un fatto che convalida la sfericità terrestre. Le rotte di circumnavigazione si basano sulla comprensione che la Terra è una sfera, dove "linea retta" in realtà corrisponde a un arco di grande cerchio, il percorso più breve tra due punti sulla superficie curva. Le imprese di Magellano, Cook e altre spedizioni hanno documentato questi viaggi e sono state successivamente replicate e migliorate con mezzi moderni. Anche la navigazione satellitare e la planimetria moderna dipendono da questo principio.

Un altro importante ambito riguarda le osservazioni visive di oggetti all'orizzonte. Su una Terra piatta, la linea dell'orizzonte sarebbe illimitata o mostrerebbe comportamenti incoerenti rispetto a ciò che si osserva realmente. Invece, la curvatura terrestre determina che oggetti, come navi, edifici o montagne, scompaiono progressivamente dalla vista, prima le parti inferiori e poi quelle superiori, man mano che si allontanano. Questo fenomeno è ben noto e sfruttato anche dai fotografi e dai piloti. Osservazioni precise e ripetibili confermano che la Terra non è piatta: la progressiva scomparsa degli oggetti all'orizzonte è spiegabile solo da una superficie curva.

L'esperienza delle diverse zone di fuso orario e il cambiamento progressivo dell'orario in base alla longitudine rappresentano un'ulteriore prova tangibile. Se la Terra fosse piatta e il Sole si muovesse come descritto dai terrapiattisti, i tempi di alba e tramonto non sarebbero coerenti in tutto il mondo. Invece, osservazioni sistematiche mostrano che il Sole sorge e tramonta a orari diversi in base alla posizione geografica, come previsto dalla rotazione di un globo su se stesso. Le differenze di fuso orario sono state codificate e adottate ufficialmente per facilitare le comunicazioni e i trasporti globali.

L'effetto Coriolis, che determina la direzione delle rotazioni di cicloni e anticicloni, è una conseguenza della rotazione terrestre e della sua forma sferica. Questo effetto influenza la circolazione atmosferica e oceanica ed è stato misurato e studiato in dettaglio da meteorologi e oceanografi. Le sue manifestazioni, come il senso di rotazione opposto degli uragani nell'emisfero nord rispetto a quello sud, sono perfettamente spiegabili solo da un modello planetario sferico in rotazione. La Terra piatta non offre una spiegazione coerente di tali fenomeni.

Le missioni spaziali moderne, come quelle della NASA, ESA, Roscosmos e altre agenzie, hanno fornito dati dettagliati sulla forma della Terra, compresi i cosiddetti "geoid" e "ellissoidi di riferimento", modelli matematici che descrivono la forma non perfettamente sferica ma leggermente schiacciata ai poli. Questi modelli sono impiegati per la navigazione, il posizionamento e la ricerca scientifica e sono supportati da un ampio numero di osservazioni terrestri e spaziali. Non si tratta di teorie astratte, ma di strumenti concreti utilizzati quotidianamente in ambiti come l'ingegneria civile, la geodesia e la meteorologia.

Infine, il confronto tra fotografie della Terra scattate da differenti missioni e satelliti in tempi diversi mostra la consistenza della forma e delle caratteristiche planetarie. Queste immagini, diffuse pubblicamente e accessibili a chiunque, evidenziano la presenza di continenti, oceani, sistemi atmosferici e fenomeni naturali che mutano nel tempo ma rispettano le leggi fisiche applicate a un pianeta sferico. La riproducibilità e l'accessibilità di queste immagini rendono molto difficile accettare che si tratti di falsificazioni o manipolazioni di massa.

In sintesi, la totalità delle prove scientifiche, tecnologiche, sperimentali e osservazionali si intreccia in un quadro complesso e coerente che sostiene il modello della Terra sferica. Ogni dato, ogni fenomeno naturale e ogni applicazione pratica trovano spiegazione e conferma in questo paradigma, rendendo le teorie terrapiattiste prive di basi solide e incompatibili con la realtà empirica quotidiana.

Per concludere in modo approfondito l'analisi delle risposte scientifiche alle teorie terrapiattiste, è fondamentale sottolineare come l'intero sistema di conoscenze moderne, dall'astronomia alla fisica, dalla geodesia alla tecnologia satellitare, converga in modo inequivocabile sulla forma sferica della Terra. Non si tratta di semplici ipotesi o modelli teorici astratti, ma di una rete interconnessa di evidenze empiriche, misurazioni dirette e applicazioni pratiche che hanno resistito alla prova del tempo e alle verifiche più rigorose. L'insieme di dati raccolti da diverse discipline scientifiche, tramite strumenti sempre più sofisticati e precisi, consente di descrivere con accuratezza la Terra come un geoide, una figura leggermente schiacciata ai poli a causa della rotazione, ma sostanzialmente sferica.

Le tecnologie che ogni giorno utilizziamo, come il GPS, le comunicazioni satellitari e la navigazione aerea e marittima, si basano su principi che presuppongono una Terra sferica, e il loro corretto funzionamento dipende dalla precisione con cui questi principi sono applicati. Questi sistemi sono continuamente monitorati, aggiornati e migliorati da ingegneri e scienziati in tutto il mondo, che lavorano in un contesto di trasparenza e collaborazione internazionale, rendendo impossibile una manipolazione o una frode su larga scala.

Le osservazioni dirette, dagli esperimenti scolastici fino alle missioni spaziali più avanzate, forniscono un quadro coerente e verificabile: la curvatura terrestre è un fatto osservabile, misurabile e replicabile da chiunque abbia strumenti adeguati. Fenomeni naturali come il cambiamento delle stagioni, le fasi lunari, le eclissi, il comportamento delle onde e delle correnti oceaniche, così come la rotazione e la rivoluzione terrestre, trovano spiegazione solo in un modello sferico.

Il rigetto delle evidenze scientifiche da parte dei sostenitori della Terra piatta spesso si basa su malintesi, interpretazioni errate o su teorie del complotto prive di fondamento. L'approccio scientifico, invece, si basa sul metodo sperimentale, sulla verifica indipendente e sulla disponibilità a correggere le proprie teorie alla luce di nuove prove. Questa metodologia ha permesso all'umanità di raggiungere livelli di conoscenza e tecnologia che trasformano radicalmente la vita quotidiana e l'esplorazione dello spazio.

In sintesi, la confutazione delle teorie terrapiattiste non è solo un esercizio accademico, ma rappresenta la testimonianza del progresso scientifico e tecnologico, che continua a espandersi e a migliorare la nostra comprensione del pianeta e dell'universo in cui viviamo. Questo punto di vista non solo sostiene l'evidenza empirica della Terra sferica, ma incoraggia anche un atteggiamento critico e aperto verso la conoscenza, indispensabile in un'epoca caratterizzata dalla diffusione rapidissima di informazioni e disinformazioni.

Se vuoi posso procedere con il prossimo punto della lista o sviluppare ulteriormente qualche aspetto di questo tema. Fammi sapere!

9. Il ruolo della sfiducia nelle istituzioni e nella scienza (Cospirazionismo, autorità percepita, alienazione sociale)

Il ruolo della sfiducia nelle istituzioni e nella scienza rappresenta un elemento cruciale per comprendere la diffusione e il radicamento del terrapiattismo nel mondo contemporaneo. In un'epoca segnata da una crescente complessità sociale, politica ed economica, molti individui si trovano a fronteggiare un senso di alienazione e di disillusione verso le strutture tradizionali che dovrebbero garantire ordine, sicurezza e verità. Questa alienazione sociale, spesso accompagnata da sentimenti di impotenza e marginalizzazione, si traduce in una crescente diffidenza verso le istituzioni governative, le organizzazioni scientifiche e i media mainstream, percepiti come entità distanti, autoreferenziali e talvolta manipolatrici.

Il fenomeno del complottismo, che si manifesta nella convinzione che "la verità" sia nascosta o celata da poteri occulti, si intreccia profondamente con questa sfiducia. I sostenitori della Terra piatta, così come altre comunità che abbracciano teorie alternative, spesso vedono le autorità scientifiche come parte di un sistema di controllo volto a reprimere o nascondere informazioni considerate scomode o minacciose. Questa percezione di autorità "non credibile" alimenta un circolo vizioso, dove il rifiuto delle prove scientifiche ufficiali si accompagna alla ricerca di spiegazioni alternative che sembrano più coerenti con le proprie esperienze o con una narrazione che valorizzi l'individuo come "detentore della verità".

L'era digitale ha amplificato questa dinamica. I social media e le piattaforme di condivisione consentono a chiunque di diffondere informazioni senza filtri e senza necessità di verifica, creando spazi di confronto che spesso diventano "camere dell'eco" in cui le idee più estreme o marginali trovano sostegno e amplificazione. In questi ambienti, la sfiducia nelle istituzioni si traduce in una crescente polarizzazione, dove la comunità terrapiattista si rafforza attraverso l'identificazione con un gruppo che condivide le stesse convinzioni e lo stesso senso di esclusione dal sapere ufficiale.

Dal punto di vista psicologico, la sfiducia nelle istituzioni può essere vista anche come un meccanismo di difesa contro l'incertezza e la complessità del mondo moderno. In un contesto di rapido cambiamento e di sovraccarico informativo, abbracciare teorie alternative, anche se scientificamente infondate, può offrire un senso di controllo, di appartenenza e di identità. La sfiducia diventa quindi un modo per negare o reinterpretare dati e fatti che altrimenti risulterebbero destabilizzanti o difficili da accettare.

Culturalmente, il ruolo delle istituzioni è stato storicamente centrale nella formazione del consenso sociale e nella diffusione del sapere. Tuttavia, crisi politiche, scandali, errori scientifici e cattiva comunicazione hanno eroso la legittimità percepita di queste istituzioni. In questo clima di incertezza, la scienza non viene più vista come un corpo di conoscenza affidabile e progressivo, ma come un potere distante, autoreferenziale e talvolta sospetto. Questa delegittimazione si riflette anche nelle sfide poste ai metodi scientifici, che vengono accusati di essere influenzati da interessi economici o ideologici, minando la fiducia nel rigore e nell'obiettività della ricerca.

In definitiva, la sfiducia nelle istituzioni e nella scienza è un fattore chiave che contribuisce a creare un terreno fertile per il diffondersi di credenze come quella della Terra piatta. Essa si inserisce in un contesto sociale complesso, fatto di esigenze di riconoscimento, di ricerca di senso e di opposizione a narrative dominanti percepite come oppressive. Comprendere questo ruolo è essenziale per affrontare in modo efficace il fenomeno terrapiattista, non solo attraverso la comunicazione di dati e prove, ma anche riconoscendo le dimensioni psicologiche, sociali e culturali che sostengono tali convinzioni. Questo approccio integrato può facilitare un dialogo più empatico e una maggiore apertura al confronto, elementi indispensabili per costruire ponti di fiducia tra scienza, istituzioni e cittadini.

La sfiducia nelle istituzioni e nella scienza si radica spesso in esperienze personali e collettive di delusione e tradimento, che possono riguardare scandali politici, crisi economiche o fallimenti istituzionali nella gestione di emergenze sanitarie o ambientali. Questi eventi contribuiscono a erodere il senso di sicurezza e di affidabilità che le persone attribuiscono agli enti pubblici e alle figure di riferimento scientifico. La percezione che le informazioni ufficiali siano manipolate o parziali induce molti a cercare alternative che offrano spiegazioni più semplici o più in linea con le proprie aspettative emotive. In questo contesto, la sfiducia si alimenta anche della difficoltà che talvolta la comunicazione scientifica ha nel rendere comprensibili i concetti complessi e le incertezze intrinseche alla ricerca, creando così un divario tra esperti e pubblico che può essere sfruttato da chi propone narrazioni alternative.

In aggiunta, la diffusione di teorie complottiste si inserisce in un quadro più ampio di crisi epistemologica, in cui si mette in discussione la stessa capacità della scienza di fornire risposte certe e definitive. Questo dubbio si amplifica quando si considerano le contraddizioni apparenti tra differenti studi scientifici o la revisione continua di teorie in seguito a nuove scoperte, che agli occhi di un osservatore poco esperto possono apparire come incoerenze o falsificazioni. La scienza, infatti, è un processo dinamico, basato su un metodo critico e autocorrettivo, ma questa sua natura è spesso fraintesa come segno di inaffidabilità o instabilità.

La dimensione sociale gioca un ruolo fondamentale nel rafforzare la sfiducia. In società caratterizzate da disuguaglianze crescenti, polarizzazione politica e isolamento sociale, la sfiducia si traduce in una ricerca di comunità alternative che offrano senso di appartenenza e di condivisione di valori. I gruppi terrapiattisti, in questo senso, diventano non solo un luogo dove si coltivano credenze alternative, ma anche spazi sociali in cui si costruiscono legami emotivi e identità collettive. Questi legami rafforzano la resistenza a informazioni esterne che potrebbero mettere in discussione le convinzioni condivise, creando meccanismi di difesa psicologica e sociale.

Il ruolo degli influencer digitali e dei leader carismatici all'interno di queste comunità non può essere sottovalutato. Spesso, queste figure incarnano l'autorità "alternativa" che sfida quella tradizionale, presentandosi come portavoce di una verità nascosta. La loro capacità di comunicare in modo diretto, emotivo e spesso provocatorio permette di aggirare i filtri critici degli ascoltatori, amplificando il senso di sfiducia e rafforzando l'identificazione con il gruppo. Questo fenomeno è accentuato dagli algoritmi delle piattaforme digitali che, privilegiando contenuti che generano forte coinvolgimento emotivo, possono spingere gli utenti verso bolle informative sempre più chiuse e radicali.

Un altro aspetto rilevante riguarda il rapporto tra la scienza e la società nel contesto della globalizzazione e della digitalizzazione, dove la rapidità con cui circolano le informazioni rende difficile una verifica approfondita e accurata. La sovrabbondanza informativa e la presenza di notizie false o distorte alimentano confusione e insicurezza, elementi che favoriscono il sospetto e la sfiducia verso fonti ufficiali, percepite come parziali o inaffidabili. In questo scenario, la scienza deve confrontarsi con la necessità di sviluppare nuovi modi di comunicazione che siano più trasparenti, accessibili e partecipativi, per recuperare la fiducia del pubblico e contrastare efficacemente la disinformazione.

Inoltre, l'interazione tra fattori culturali, politici e psicologici crea un terreno fertile per il radicamento di narrazioni alternative come quella della Terra piatta. La sfiducia verso la scienza e le istituzioni diventa così un sintomo di tensioni più ampie legate al senso di precarietà, alla paura del cambiamento e alla ricerca di significato in un mondo percepito come complesso e spesso ostile. Questa condizione stimola una risposta di chiusura e rifiuto delle conoscenze consolidate, con conseguenze profonde sulla coesione sociale e sul dibattito pubblico.

La sfiducia nelle istituzioni e nella scienza si intreccia con dinamiche di identità personale e collettiva che riflettono una crisi più profonda di legittimità e rappresentanza nel sistema sociale contemporaneo. Molti individui percepiscono le istituzioni come entità lontane e burocratiche, incapaci di rispondere ai loro bisogni reali o di tutelare i loro interessi, e questo senso di distanza si traduce in una progressiva perdita di fiducia. Allo stesso modo, la scienza, pur basata su un metodo rigoroso e su evidenze verificabili, viene vista da alcuni come un sistema chiuso, dominato da élite accademiche e finanziarie che non sono trasparenti o che perseguono fini non dichiarati. Tale percezione è alimentata da episodi di conflitto di interesse, casi di frodi scientifiche emersi negli ultimi decenni, o da dibattiti pubblici in cui la scienza appare ambigua o contraddittoria, aumentando il sospetto verso il sapere istituzionalizzato.

Questa sfiducia si manifesta anche nella modalità di approccio alle informazioni e alla conoscenza. Le persone che si identificano con movimenti come quello della Terra piatta tendono a privilegiare forme di sapere empirico diretto e "esperienziale", dando maggiore valore alle osservazioni personali e agli esperimenti amatoriali piuttosto che ai dati scientifici prodotti da laboratori o da fonti ufficiali. Questo atteggiamento riflette una ricerca di autenticità e di controllo sulla realtà percepita, dove la scienza diventa un racconto distante e astratto, mentre l'esperienza diretta viene vissuta come più immediata e "reale". Tale fenomeno si collega anche a una più ampia critica nei confronti della tecnocrazia e della specializzazione, che possono essere percepite come elementi di esclusione e di alienazione per chi non possiede una formazione scientifica specifica.

L'aspetto culturale gioca un ruolo significativo nel rafforzare questa sfiducia, poiché molte narrazioni terrapiattiste si intrecciano con tradizioni religiose o spirituali che interpretano il mondo in modi alternativi rispetto alla visione scientifica dominante. Queste narrazioni offrono una dimensione simbolica e valoriale che risponde a bisogni profondi di senso e appartenenza, integrando la sfiducia nelle istituzioni con un sistema di credenze che valorizza la ricerca di una "verità nascosta" e la critica alle autorità ufficiali. In questo modo, la sfiducia diventa anche un modo per affermare un'identità culturale distinta e per contestare la "modernità" percepita come omologante e disumanizzante.

Dal punto di vista psicologico, la sfiducia nelle istituzioni e nella scienza è spesso associata a meccanismi di difesa che aiutano a gestire ansie legate all'incertezza, alla complessità e all'instabilità del mondo contemporaneo. L'adesione a teorie alternative può fornire un senso di sicurezza cognitiva e di controllo, riducendo il disagio prodotto dalla percezione di un mondo caotico e imprevedibile. Inoltre, appartenere a una comunità che condivide le stesse convinzioni rafforza l'autostima e la coesione sociale, offrendo protezione psicologica contro il senso di isolamento e marginalità.

Il contesto mediatico e digitale ha amplificato e accelerato questi processi, creando ambienti in cui la sfiducia può diffondersi rapidamente e radicarsi in modo profondo. Le piattaforme sociali, gli algoritmi di raccomandazione e le comunità online favoriscono la formazione di bolle informative in cui si confermano e si rafforzano idee e pregiudizi, limitando l'esposizione a opinioni diverse e aumentando la polarizzazione. Questo fenomeno rende più difficile il dialogo e il confronto, contribuendo a consolidare le divisioni tra "scettici" e "credenti" e a marginalizzare ulteriormente le posizioni scientifiche ufficiali.

Un elemento cruciale è anche la percezione di una mancanza di trasparenza e partecipazione nei processi decisionali scientifici e istituzionali. Molti individui sentono di non avere voce né controllo sulle scelte che influenzano la loro vita, e questa sensazione alimenta un senso di sfiducia e di opposizione. La mancanza di un coinvolgimento reale e significativo nelle comunità di riferimento crea un vuoto che viene colmato da narrazioni alternative e da movimenti che promettono di restituire il potere di interpretare la realtà agli individui comuni.

Tutto ciò evidenzia come la sfiducia nelle istituzioni e nella scienza sia un fenomeno multidimensionale, radicato in una complessa interazione di fattori sociali, culturali, psicologici e mediatici. La sua comprensione richiede un approccio integrato che non si limiti a confutare le idee errate, ma che affronti anche le cause profonde di questa sfiducia, promuovendo dialogo, partecipazione e una comunicazione scientifica più efficace e inclusiva.

La sfiducia nelle istituzioni e nella scienza trova radici profonde in molteplici dimensioni della società contemporanea, tra cui l'accelerazione dei cambiamenti tecnologici e sociali, che spesso superano la capacità delle strutture tradizionali di adattarsi e rispondere efficacemente alle esigenze della popolazione. In un mondo in cui la complessità delle questioni globali – dalla crisi climatica alle pandemie – richiede risposte coordinate e basate su dati scientifici, l'incertezza e la percezione di insufficiente trasparenza possono alimentare sentimenti di alienazione e sfiducia. Le istituzioni, percepite come lente, burocratiche o influenzate da interessi particolari, diventano facili bersagli di critiche e sospetti, soprattutto quando le decisioni prese sembrano lontane dalle esperienze quotidiane o dai valori delle persone comuni.

Allo stesso tempo, la scienza, pur rappresentando uno strumento potente di conoscenza e progresso, appare talvolta come un'entità distante e astratta, con linguaggi e pratiche difficili da comprendere per chi non è esperto. Questo divario comunicativo genera una frattura tra la comunità scientifica e il pubblico, che si traduce in una maggiore vulnerabilità alle narrazioni alternative e alla disinformazione. Il senso di impotenza e la difficoltà a interpretare dati complessi possono spingere molte persone a ricercare spiegazioni più semplici e rassicuranti, anche se contrarie al consenso scientifico.

Un altro aspetto cruciale riguarda la diffusione e l'accesso senza filtri alle informazioni grazie a internet e ai social media, che hanno rivoluzionato il modo in cui le persone si informano e interagiscono. Sebbene questa rivoluzione digitale abbia ampliato le opportunità di apprendimento, ha anche facilitato la circolazione di contenuti falsi, manipolati o fuorvianti, spesso con finalità ideologiche o commerciali. Le cosiddette "fake news" e le teorie complottiste sfruttano le vulnerabilità cognitive e emotive degli individui, costruendo narrazioni che sembrano più credibili perché confermano i pregiudizi e le aspettative di chi le ascolta. Gli algoritmi di molte piattaforme sociali, progettati per massimizzare l'engagement, tendono inoltre a privilegiare contenuti sensazionalistici e polarizzanti, favorendo la formazione di "camere dell'eco" che rinforzano la sfiducia nelle fonti ufficiali.

Le dinamiche di gruppo e il senso di appartenenza giocano un ruolo significativo nell'acuirsi della sfiducia. La partecipazione a comunità online o offline che condividono convinzioni alternative offre non solo un sostegno emotivo, ma anche una conferma continua delle proprie idee, rendendo più difficile il confronto con posizioni diverse. Questa solidarietà interna crea un'identità collettiva forte, che spesso si manifesta come opposizione attiva alle istituzioni e alla scienza, viste come minacce esterne. In questo contesto, il rifiuto delle autorità può assumere la forma di una rivendicazione di autonomia intellettuale e di libertà di pensiero, ma al contempo può chiudere i membri del gruppo in un circuito di conferme reciproche che impedisce una reale apertura al dialogo.

L'aspetto psicologico della sfiducia è complesso e intreccia elementi di paura, ansia e desiderio di controllo. La percezione di un mondo incerto e in rapido cambiamento può generare un senso di insicurezza profondo, che spinge alla ricerca di spiegazioni che diano un'apparente stabilità e coerenza. In questo senso, le teorie della cospirazione, tra cui quelle terrapiattiste, offrono una narrazione ordinata e coerente del mondo, individuando nemici comuni e motivazioni nascoste dietro eventi complessi e spesso incomprensibili. Questa semplificazione può risultare rassicurante, anche se in realtà limita la comprensione della realtà e alimenta divisioni sociali.

La relazione tra sfiducia e potere è un ulteriore elemento da considerare. La percezione che la scienza e le istituzioni siano strumenti al servizio di élite economiche o politiche, e non del bene comune, alimenta un sentimento di ingiustizia e di esclusione. Le crisi economiche e sociali, le disuguaglianze crescenti e la polarizzazione politica contribuiscono a rafforzare questa percezione, che si traduce in un rifiuto delle conoscenze e delle informazioni diffuse da queste stesse istituzioni. La sfiducia diventa così anche una forma di protesta e di rivendicazione, che si esprime attraverso l'adesione a narrazioni alternative che mettono in discussione l'ordine stabilito.

Questa complessità rende il fenomeno della sfiducia nelle istituzioni e nella scienza una sfida enorme per le società contemporanee. Richiede un approccio multidisciplinare e integrato, che tenga conto non solo degli aspetti cognitivi e informativi, ma anche delle dimensioni emotive, sociali e culturali. Promuovere un dialogo autentico e rispettoso, migliorare la comunicazione scientifica, incentivare la partecipazione attiva dei cittadini e lavorare sulle disuguaglianze sociali sono passi fondamentali per contrastare efficacemente questa sfiducia diffusa e per costruire una società più coesa e resiliente.

La sfiducia nelle istituzioni e nella scienza si alimenta spesso di una percezione di incoerenza e contraddizione all'interno degli stessi sistemi di potere e conoscenza. Quando le istituzioni cambiano posizione o si contraddicono, soprattutto su temi di grande impatto pubblico come la salute, l'ambiente o la tecnologia, questo può minare la credibilità percepita agli occhi del pubblico. Un esempio frequente è il modo in cui sono stati comunicati i rischi di alcune pandemie o i cambiamenti climatici: la complessità scientifica e le revisioni basate su nuovi dati, se non spiegate con chiarezza, possono essere interpretate come segnali di incompetenza o inganno. In questa luce, le narrazioni terrapiattiste e altre teorie alternative non solo si propongono come risposte "alternative", ma anche come reazioni a quella che viene vista come una disfunzione del sistema ufficiale di informazione.

La sfiducia inoltre è fortemente intrecciata con le dinamiche di identità e appartenenza culturale. In molte comunità, aderire a teorie alternative o negare la validità delle istituzioni scientifiche rappresenta un atto di affermazione di sé e del proprio gruppo sociale, spesso in contrapposizione a una "élite" percepita come distante o ostile. Questo fenomeno può assumere connotazioni politiche o ideologiche, dove la negazione della scienza diventa parte di una più ampia critica verso la globalizzazione, il governo centrale, o altre forme di potere percepite come oppressive. In questo senso, il terrapiattismo non è solo una questione di conoscenza o ignoranza, ma anche un fenomeno sociale che riflette tensioni profonde all'interno della società contemporanea.

Un ulteriore elemento che contribuisce alla sfiducia è la diffusione di informazioni manipolate o volutamente fuorvianti da parte di attori con interessi specifici. Questi possono includere gruppi politici, aziende o individui che sfruttano la sfiducia diffusa per promuovere agende particolari, generare profitto o ottenere consenso. Il ruolo dei media tradizionali e digitali in questo contesto è ambivalente: da un lato possono contribuire a informare e a educare, dall'altro spesso enfatizzano lo scontro e la polarizzazione per attirare attenzione e guadagni pubblicitari. Questa dinamica contribuisce a creare un ambiente informativo caotico, dove è difficile distinguere tra verità e falsità, aumentando così la sfiducia complessiva.

Dal punto di vista psicologico, la sfiducia nelle istituzioni e nella scienza si manifesta anche come meccanismo di difesa contro l'incertezza e l'ansia esistenziale. L'essere umano ha bisogno di strutture stabili di significato e controllo, e quando queste vengono messe in crisi, cerca alternative che gli permettano di ricostruire un senso di ordine. Le narrazioni terrapiattiste, con le loro spiegazioni semplici e definite, possono fornire una sorta di "ancora" mentale che riduce il disagio provocato dall'incertezza. In questo modo, la sfiducia diventa anche una forma di adattamento psicologico, sebbene possa comportare conseguenze negative sul piano della conoscenza e dell'integrazione sociale.

La dimensione educativa è un altro fattore cruciale da considerare. La mancanza di una formazione scientifica solida e di un'alfabetizzazione mediatica adeguata rende molte persone più vulnerabili alle teorie cospirazioniste e alla disinformazione. Promuovere l'educazione critica, che sviluppi capacità di analisi e di valutazione delle fonti, è quindi un passo fondamentale per contrastare la diffusione della sfiducia. Tuttavia, questo richiede anche un impegno da parte delle istituzioni e della comunità scientifica per comunicare in modo più chiaro, trasparente e inclusivo, evitando linguaggi specialistici e adottando un approccio più empatico e dialogico.

Le sfide poste dalla sfiducia si riflettono anche nelle dinamiche politiche e sociali più ampie. Movimenti di protesta, populismi e frammentazioni sociali sono spesso alimentati da una diffusa insoddisfazione verso le istituzioni e la scienza, percepite come strumenti di controllo o esclusione. Questo clima rende difficile costruire consenso su temi fondamentali come le politiche ambientali, la salute pubblica o l'innovazione tecnologica, compromettendo la capacità delle società di affrontare efficacemente le sfide comuni. La polarizzazione crescente e la delegittimazione delle fonti ufficiali di conoscenza rappresentano dunque un ostacolo significativo allo sviluppo di società democratiche e resilienti.

Nel contesto globale contemporaneo, la sfiducia assume anche una dimensione geopolitica. Differenti paesi e culture presentano livelli diversi di fiducia nelle istituzioni scientifiche e governative, influenzati da fattori storici, politici ed economici. Alcune società mostrano una maggiore propensione alla fiducia e alla collaborazione con la scienza, mentre altre sono più scettiche, talvolta per ragioni legate a esperienze di colonialismo, corruzione o repressione. Questo crea una mappa complessa e variegata, che rende necessaria una comprensione approfondita e contestualizzata della sfiducia, nonché strategie specifiche e differenziate per affrontarla efficacemente in diversi contesti.

Fammi sapere se vuoi continuare ancora su questo punto o se preferisci passare al prossimo tema.

La sfiducia nelle istituzioni e nella scienza si radica spesso in un complesso intreccio di esperienze personali, storiche e culturali che plasmano il modo in cui gli individui percepiscono l'autorità e la legittimità delle fonti ufficiali. Una delle radici profonde di questa sfiducia può essere rintracciata nei casi di scandali, errori o abusi da parte di enti governativi, istituti di ricerca o grandi organizzazioni internazionali. Questi episodi lasciano cicatrici durature nell'immaginario collettivo e alimentano la convinzione che le informazioni ufficiali possano essere manipolate o censurate per nascondere verità scomode. La memoria storica di eventi come la sperimentazione medica non etica, corruzione politica o disastri ambientali causati o nascosti da enti pubblici contribuisce a creare un clima di sospetto e diffidenza.

Parallelamente, l'evoluzione del panorama mediatico, con la proliferazione di fonti di informazione alternative e la democratizzazione della comunicazione attraverso internet, ha modificato radicalmente il rapporto tra cittadini e sapere scientifico. Oggi, chiunque può accedere a una vastissima quantità di dati, opinioni e teorie, spesso senza strumenti adeguati per valutarne l'affidabilità. In questo contesto, la sfiducia nelle istituzioni si accompagna a una crescente difficoltà nel distinguere tra informazione verificata e disinformazione, con un conseguente aumento della vulnerabilità a teorie complottiste o spiegazioni pseudoscientifiche. La sensazione di poter "scoprire la verità da soli" è per molti un potente motore motivazionale, ma spesso conduce a una chiusura in comunità autoreferenziali e polarizzate.

Un altro elemento che alimenta la sfiducia è la percezione di esclusione sociale e marginalizzazione. In molti casi, individui o gruppi che si sentono emarginati, ignorati o svalutati dalle istituzioni si rivolgono a narrazioni alternative come forma di riscatto identitario e di riconoscimento. Le teorie cospirazioniste e il terrapiattismo offrono spesso un senso di appartenenza e una comunità di riferimento, in cui la sfiducia condivisa diventa il collante di un gruppo coeso. Questa dinamica psicologica è rafforzata dall'esperienza di isolamento o alienazione che molte persone vivono nelle società contemporanee, dove il rapido cambiamento tecnologico e sociale può generare insicurezza e confusione.

Nel contesto della scienza, la comunicazione specialistica e la complessità dei processi scientifici rappresentano un ulteriore ostacolo alla fiducia. La scienza moderna si basa su metodi rigorosi, peer review e continui aggiornamenti, che però possono apparire come contraddittori o ambigui a chi non possiede una formazione adeguata. L'assenza di una narrazione semplice e lineare, unita a errori comunicativi o a casi di cattiva informazione da parte di esperti, può favorire la percezione che la scienza sia instabile o poco affidabile. Inoltre, la divulgazione scientifica spesso non tiene conto delle emozioni e dei valori personali, fattori fondamentali per costruire un rapporto di fiducia duraturo con il pubblico.

Le teorie del complotto giocano un ruolo centrale nel mantenere e rafforzare la sfiducia nelle istituzioni. Queste narrazioni si basano sull'idea che esistano poteri nascosti che manipolano la realtà per fini oscuri, negando o distorcendo le verità ufficiali. Tale visione del mondo, oltre a delegittimare la scienza e le autorità, fornisce una spiegazione semplice e rassicurante per eventi complessi e spesso angoscianti. Il meccanismo di "dare la colpa a qualcuno" permette di canalizzare l'ansia e la frustrazione, creando un nemico identificabile contro cui unire le proprie energie. Questo processo può diventare auto-rinforzante, perché più una persona si convince della validità della teoria del complotto, più si isola da fonti esterne e più la propria visione si radicalizza.

Un altro aspetto da considerare è il ruolo delle dinamiche sociali e politiche nella costruzione della sfiducia. Movimenti populisti e retoriche anti-elite spesso sfruttano la diffidenza verso la scienza e le istituzioni come strumento per ottenere consenso e potere. La polarizzazione politica contribuisce a trasformare questioni scientifiche in battaglie ideologiche, dove la verità è subordinata all'appartenenza al gruppo. In questi contesti, contestare la scienza ufficiale diventa un atto di fedeltà politica o culturale, complicando ulteriormente la possibilità di un dialogo aperto e costruttivo.

L'evoluzione delle tecnologie digitali e dei social media ha amplificato in modo esponenziale questi fenomeni, creando "bolle informative" e "camere dell'eco" dove le persone sono esposte solo a contenuti che confermano le loro convinzioni pregresse. Gli algoritmi di piattaforme come Facebook, YouTube e Twitter tendono a privilegiare contenuti sensazionalistici o emotivamente coinvolgenti, che spesso coincidono con teorie complottiste o narrazioni alternative. Questo meccanismo alimenta la polarizzazione e la sfiducia, rendendo più difficile raggiungere una comprensione condivisa della realtà.

Dal punto di vista psicologico, la sfiducia nelle istituzioni può essere collegata a meccanismi di difesa contro l'ansia e l'incertezza. Affidarsi a spiegazioni alternative e a comunità che condividono le stesse convinzioni fornisce un senso di controllo e sicurezza emotiva. Queste dinamiche sono particolarmente forti in periodi di crisi o cambiamento, quando le persone si trovano a dover affrontare l'ignoto e la complessità del mondo moderno. La sfiducia, dunque, non è solo un problema di informazione, ma anche di bisogni psicologici e sociali profondi.

L'educazione scientifica e la comunicazione pubblica della scienza hanno un ruolo cruciale nel contrastare la sfiducia, ma devono essere ripensate per essere più efficaci. Non basta trasmettere dati e fatti; è necessario costruire un dialogo empatico, rispettoso e inclusivo, capace di affrontare paure, dubbi e valori personali. Progetti di alfabetizzazione mediatica e scientifica che coinvolgano comunità diverse, educatori, media e scienziati possono contribuire a creare un terreno di fiducia più solido e duraturo. Allo stesso tempo, è importante promuovere un atteggiamento critico che non si limiti a smontare false informazioni, ma che aiuti le persone a sviluppare strumenti per valutare autonomamente le fonti e le argomentazioni.

La sfiducia nelle istituzioni e nella scienza è quindi un fenomeno complesso e multifattoriale, che richiede risposte articolate e multilivello. Comprendere le radici storiche, culturali, psicologiche e sociali di questa sfiducia è essenziale per costruire strategie efficaci di contrasto e per promuovere una relazione più sana e produttiva tra cittadini, scienza e potere pubblico. In un mondo sempre più interconnesso e complesso, ristabilire la fiducia è una sfida cruciale per la coesione sociale, la salute pubblica e lo sviluppo sostenibile, che coinvolge non solo esperti e istituzioni, ma l'intera società.

La sfiducia nelle istituzioni e nella scienza rappresenta un fenomeno complesso e profondamente radicato in molteplici aspetti della società contemporanea. Essa si alimenta di una lunga storia fatta di scandali, errori, comunicazioni incomplete o poco trasparenti, che hanno eroso la percezione di affidabilità delle autorità pubbliche e degli esperti. La diffusione massiccia di informazioni e disinformazioni attraverso i nuovi media digitali, insieme alle dinamiche psicologiche di appartenenza e bisogno di senso, ha amplificato questo sentimento, rendendolo difficile da superare con le tradizionali forme di divulgazione e comunicazione scientifica.

Inoltre, la sfiducia è spesso il risultato di una percezione soggettiva di marginalizzazione sociale o culturale, dove la mancanza di ascolto e di riconoscimento da parte delle istituzioni genera risposte di chiusura e ribellione ideologica. La scienza, vista da molti come un ambito distante, complesso e talvolta contraddittorio, diventa così terreno fertile per narrazioni alternative che, pur prive di basi solide, offrono una spiegazione più semplice e rassicurante della realtà.

Le teorie complottiste, infine, non sono solo sintomi ma anche cause di questa sfiducia, poiché strutturano un racconto del mondo che identifica nemici invisibili e manipolatori, incoraggiando l'isolamento cognitivo e sociale. Questo meccanismo tende a cristallizzare convinzioni e a rendere estremamente difficile il dialogo e la riconciliazione con le conoscenze scientifiche ufficiali.

Per affrontare questa sfiducia è necessario un approccio multidimensionale: non basta correggere errori o smontare false informazioni, occorre costruire un rapporto di fiducia che tenga conto delle emozioni, delle esperienze individuali e collettive, e dei valori profondi delle persone. È indispensabile promuovere un'educazione scientifica che sia inclusiva, critica e dialogica, capace di coinvolgere diversi attori sociali in un processo condiviso di costruzione del sapere. Solo così si potrà ristabilire un equilibrio tra cittadini, istituzioni e scienza, favorendo una società più coesa, informata e resiliente di fronte alle sfide del presente e del futuro.

10. Il fascino delle teorie alternative e la psicologia del complotto (Bias cognitivi, bisogno di unicità, rifiuto del mainstream)

Le teorie alternative e la psicologia del complotto esercitano un fascino profondo e complesso su molte persone, radicandosi in dinamiche cognitive e emotive che sono parte integrante della natura umana. I bias cognitivi, ossia quei meccanismi mentali automatici e spesso inconsci che influenzano il modo in cui percepiamo, interpretiamo e ricordiamo le informazioni, giocano un ruolo fondamentale nel rafforzare l'attrazione verso narrazioni alternative. Tra i bias più rilevanti vi è il bias di conferma, che spinge le persone a cercare, interpretare e ricordare dati che confermano le proprie convinzioni preesistenti, ignorando o sminuendo le informazioni contrarie. Questo meccanismo crea una sorta di filtro cognitivo che consolida la visione del mondo aderente alla teoria di riferimento, impedendo un esame critico e aperto.

Un altro bias importante è il bias dell'agency, cioè la tendenza a vedere cause intenzionali dietro eventi complessi o casuali. Le teorie del complotto spesso attribuiscono un disegno nascosto e deliberato a fenomeni altrimenti difficili da spiegare, offrendo così una sensazione di controllo e ordine in un mondo percepito come caotico e imprevedibile. Questa attribuzione di intenzionalità aiuta a ridurre l'ansia esistenziale, fornendo risposte nette e definitive che contrastano l'incertezza.

Il bisogno di unicità è un'altra forza psicologica che spinge verso l'adesione a idee marginali o controcorrente. Sentirsi parte di un gruppo ristretto che “sa la verità” o che “vede oltre le apparenze” conferisce un senso di valore personale e identità distintiva, in un’epoca in cui molte persone si sentono anonime o marginalizzate. Questa percezione di essere “eletti” o “illuminati” alimenta l’autostima e la coesione sociale all’interno delle comunità che condividono tali credenze, rafforzando il legame tra i membri e la fedeltà alla teoria.

Il rifiuto del mainstream si collega sia a fattori culturali che emotivi. In un contesto dove le istituzioni e i media tradizionali sono spesso percepiti come lontani, controllati o manipolatori, le teorie alternative rappresentano un atto di ribellione e autonomia intellettuale. Accettare queste narrazioni significa spesso sfidare l’autorità e affermare la propria libertà di pensiero, un gesto carico di significati simbolici e politici. Questo atteggiamento è spesso rafforzato dalla diffusione di un senso di inganno collettivo e dalla convinzione che la verità venga sistematicamente nascosta, creando una forte motivazione emotiva a resistere e a diffondere le proprie idee.

La psicologia del complotto, inoltre, si nutre di un bisogno profondo di senso e appartenenza. In un mondo complesso e globalizzato, caratterizzato da rapide trasformazioni sociali, economiche e tecnologiche, le persone cercano narrazioni coerenti che possano spiegare eventi difficili da comprendere o accettare. Le teorie alternative offrono spiegazioni che, sebbene spesso non supportate da evidenze scientifiche, sono emotivamente convincenti e rispondono a bisogni psicologici essenziali, come la sicurezza, la comprensione e l’inclusione sociale.

Queste dinamiche sono ulteriormente alimentate dal ruolo dei social media e delle comunità online, che facilitano la condivisione e la diffusione di contenuti complottisti, creando spazi dove le convinzioni vengono continuamente rafforzate attraverso il confronto e il supporto reciproco. L’interazione con gruppi che condividono le stesse idee crea un effetto di rinforzo positivo, riducendo la percezione di solitudine e marginalità.

Dal punto di vista neurobiologico, studi suggeriscono che l'attrazione verso teorie del complotto e narrazioni alternative può essere correlata a modalità di elaborazione cognitiva che privilegiano spiegazioni semplici e intuitive rispetto a quelle complesse e controintuitive. Questo processo può essere influenzato anche da fattori emotivi come ansia, paura o senso di perdita di controllo, che spingono il cervello a cercare rapidamente risposte rassicuranti, anche se non del tutto veritiere.

Inoltre, il fascino delle teorie alternative si manifesta spesso attraverso una narrazione che intreccia elementi di mistero, avventura e rivelazione, elementi tipici di molte forme di storytelling che hanno da sempre affascinato l'essere umano. Questo aspetto narrativo contribuisce a rendere tali teorie non solo convincenti sul piano cognitivo, ma anche emotivamente coinvolgenti, trasformandole in vere e proprie esperienze identitarie e culturali.

Infine, è importante sottolineare che l'adesione a teorie alternative non è necessariamente un segno di ignoranza o semplice ingenuità, ma può riflettere una complessa interazione tra fattori cognitivi, sociali ed emotivi, oltre a una reazione critica verso modelli dominanti di conoscenza e potere. Comprendere questo fascino significa quindi andare oltre la mera confutazione delle idee, entrando nel merito delle esperienze e delle motivazioni che spingono le persone a cercare e abbracciare visioni del mondo alternative, con tutte le implicazioni che ciò comporta per il dialogo, l'educazione e la coesione sociale.

Le teorie alternative e la psicologia del complotto continuano a rappresentare un fenomeno affascinante e complesso, che si manifesta in una molteplicità di forme e contesti, influenzato da dinamiche individuali e collettive. L'effetto della cosiddetta "disintermediazione" dell'informazione, cioè la possibilità per chiunque di creare e diffondere contenuti senza passare attraverso i tradizionali canali di mediazione come giornali, televisioni o istituzioni accademiche, ha radicalmente trasformato il modo in cui queste idee si propagano. Questo processo ha amplificato la capacità delle teorie alternative di raggiungere un pubblico vasto e diversificato, creando nuove comunità di credenti che condividono valori e interpretazioni del mondo al di fuori dei circuiti ufficiali.

In questo contesto, il ruolo dei social media si rivela cruciale non solo per la diffusione delle informazioni ma anche per la costruzione di identità collettive. Le piattaforme digitali offrono spazi in cui gli individui possono sperimentare un senso di appartenenza e riconoscimento, trovando conferma delle proprie idee e delle proprie emozioni. Questo processo, noto come "echo chamber" o camera dell'eco, rafforza le convinzioni esistenti e riduce l'esposizione a opinioni divergenti, contribuendo a polarizzare il dibattito e a consolidare le narrative alternative.

Inoltre, l'adesione a teorie del complotto può essere vista come una forma di resistenza culturale e politica, un modo per esprimere dissenso e sfiducia verso un sistema percepito come opprimente o ingiusto. Spesso queste teorie emergono in contesti di crisi sociale, economica o politica, dove il senso di insicurezza e precarietà spinge le persone a cercare spiegazioni che mettano in discussione lo status quo. In questo senso, le teorie alternative non sono solo questioni di verità o falsità, ma anche strumenti di empowerment individuale e collettivo.

Sul piano psicologico, la ricerca evidenzia come le persone più inclini ad accettare narrazioni complottiste tendano a mostrare livelli più elevati di ansia, sfiducia generalizzata e bisogno di controllo. La complessità crescente del mondo moderno, con le sue rapide trasformazioni tecnologiche e sociali, può generare un senso di impotenza che le teorie alternative tentano di alleviare fornendo spiegazioni semplici e coerenti. Questi modelli narrativi offrono quindi una sorta di "ancora" cognitiva ed emotiva, che permette di affrontare l'incertezza e il disagio esistenziale.

Un altro aspetto rilevante riguarda il ruolo delle emozioni nella formazione e nel mantenimento delle credenze alternative. L'identificazione con una teoria del complotto può essere associata a forti sentimenti di rabbia, ingiustizia, paura o speranza, che motivano comportamenti di difesa e propagazione della teoria stessa. Le emozioni agiscono come potenti collanti sociali, creando legami tra gli individui e rinforzando la coesione del gruppo. Questi aspetti affettivi rendono spesso difficile un confronto razionale e oggettivo con le evidenze scientifiche, poiché toccano dimensioni profonde dell'identità personale e collettiva.

Inoltre, le teorie alternative spesso si presentano con una struttura narrativa affascinante e coinvolgente, che richiama elementi mitici e archetipici presenti nella cultura umana da millenni. Esse utilizzano simboli, metafore e storie che risuonano con bisogni universali di senso, giustizia e appartenenza. Questa dimensione simbolica contribuisce a rendere le narrazioni non solo convincenti, ma anche capaci di generare un senso di meraviglia e scoperta, elementi tipici della spiritualità e del pensiero magico.

L'aspetto educativo è centrale nel comprendere e affrontare il fascino delle teorie alternative. L'alfabetizzazione mediatica e scientifica, che include la capacità di riconoscere fonti affidabili, analizzare criticamente le informazioni e comprendere i metodi della ricerca scientifica, è fondamentale per costruire una resistenza cognitiva alle narrazioni ingannevoli. Tuttavia, l'educazione non può limitarsi alla trasmissione di dati e fatti, ma deve anche promuovere il pensiero critico, la riflessione etica e la consapevolezza emotiva, creando un approccio integrato e umano alla conoscenza.

Infine, il dialogo interculturale e interdisciplinare si rivela essenziale per affrontare la complessità del fenomeno. Le teorie alternative non sono solo questioni di scienza o informazione, ma coinvolgono aspetti filosofici, sociologici, psicologici e politici. Solo un approccio che integri queste diverse prospettive potrà contribuire a costruire ponti di comprensione e a promuovere una società più inclusiva e resiliente, capace di valorizzare la diversità delle esperienze e delle visioni del mondo senza cedere alla polarizzazione e all'isolamento.

L'analisi del fascino delle teorie alternative e della psicologia del complotto si arricchisce ulteriormente considerando la dimensione sociale e comunicativa che caratterizza questi fenomeni. La diffusione di queste credenze è spesso favorita da dinamiche di gruppo in cui l'appartenenza a una comunità diventa un elemento centrale dell'identità individuale. L'adesione a una teoria complottista può offrire un senso di appartenenza e riconoscimento, specialmente in contesti di marginalizzazione o isolamento sociale. Questo bisogno di connessione umana si intreccia con la ricerca di significato, creando un terreno fertile per la diffusione di narrazioni che offrono risposte semplici a quesiti complessi.

La struttura retorica delle teorie del complotto è spesso costruita per essere auto-confermata, usando argomenti circolari e una forte diffidenza verso le fonti ufficiali. Questo meccanismo cognitivo impedisce di fatto un confronto aperto e onesto, perché ogni critica viene interpretata come parte del complotto stesso. Tale dinamica rafforza la convinzione e rende difficile l'uscita dal circuito chiuso della disinformazione. Il senso di sfida verso le autorità e il mainstream diventa quindi un elemento identitario e motivazionale, alimentando la persistenza delle credenze nonostante le evidenze contrarie.

Inoltre, la psicologia del complotto è spesso collegata a meccanismi di difesa psicologica, dove la narrazione alternativa funge da scudo contro l'ansia e l'incertezza generate da eventi imprevedibili o traumatici. In momenti di crisi collettiva, come pandemie, catastrofi naturali o turbolenze politiche, il ricorso a spiegazioni cospirazioniste può rappresentare un tentativo di ricostruire un ordine apparente nel caos, dando un senso alle sofferenze e alle ingiustizie percepite. Questo fenomeno mostra come le teorie complottiste siano anche espressioni di sofferenza psicologica e sociale, non solo errori cognitivi o ignoranza.

Un ulteriore elemento che contribuisce al fascino di queste teorie è la sensazione di esclusività e unicità che esse conferiscono ai loro aderenti. Credere di conoscere una "verità nascosta" o di essere tra pochi eletti capaci di vedere oltre le apparenze rafforza l'autostima e il senso di importanza personale. Questo bisogno di distinzione è un potente motore motivazionale che rende difficile abbandonare le proprie convinzioni, anche quando queste sono screditate da dati oggettivi. In questo modo, il complottismo si intreccia con processi psicologici profondi legati all'identità e al riconoscimento sociale.

Anche la modalità di diffusione delle teorie alternative si adatta ai tempi moderni, sfruttando il linguaggio visivo e multimediale per creare narrazioni coinvolgenti e facilmente condivisibili. Video, meme, podcast e articoli online sono costruiti per catturare l'attenzione e stimolare emozioni, spesso facendo leva su tecniche di storytelling persuasive e sull'uso di testimonianze personali. Questo approccio rende le teorie complottiste accessibili e immediate, abbattendo le barriere culturali e linguistiche che tradizionalmente limitavano la loro circolazione.

Dal punto di vista neuroscientifico, studi recenti suggeriscono che le persone inclini a credere nei complotti possono presentare una maggiore attività in aree cerebrali associate alla ricerca di significato e al riconoscimento di pattern, anche quando questi pattern non esistono realmente. Questa tendenza a percepire connessioni e intenzionalità dietro eventi casuali è conosciuta come “apofenia” ed è un meccanismo comune nella mente umana, amplificato in condizioni di stress o ansia. Comprendere questi meccanismi può aiutare a sviluppare strategie educative e comunicative più efficaci per contrastare la disinformazione.

In parallelo, il rapporto tra media tradizionali e nuove piattaforme digitali gioca un ruolo ambivalente nella diffusione delle teorie alternative. Da un lato, il calo di fiducia verso i media convenzionali e le istituzioni scientifiche ha aperto spazi di comunicazione per fonti non ufficiali, spesso non sottoposte a verifica rigorosa. Dall’altro, i social media hanno introdotto modelli di consumo informativo basati sull’algoritmo e sull’interazione, che premiano i contenuti emozionali e polarizzanti, alimentando così la viralità delle teorie del complotto. Questo contesto richiede un ripensamento delle strategie di comunicazione pubblica, privilegiando trasparenza, ascolto e dialogo.

Al contempo, le radici culturali e storiche delle narrazioni alternative non possono essere ignorate. Molte teorie complottiste si ispirano a tradizioni antiche di pensiero critico o a movimenti di protesta contro poteri percepiti come oppressivi. Esse rispecchiano inquietudini profonde legate alla giustizia sociale, all’etica e alla ricerca di un senso in un mondo complesso e spesso ingiusto. Questa dimensione simbolica e politica fa delle teorie alternative non solo un fenomeno epistemologico, ma anche un fenomeno sociale e culturale che richiede approcci multidisciplinari per essere compreso e affrontato efficacemente.

Infine, è importante considerare le implicazioni etiche e sociali del diffondersi delle teorie del complotto. Esse possono generare effetti negativi concreti, come la sfiducia nelle istituzioni pubbliche, il rifiuto delle misure sanitarie o l’alimentazione di divisioni sociali. Tuttavia, il rigetto netto o lo scherno non risultano efficaci nel ridurre la loro diffusione. Al contrario, strategie basate sull'empatia, sul dialogo e sull'inclusione sembrano più promettenti, poiché riconoscono l'umanità e la complessità delle motivazioni individuali e collettive che portano all'adesione a narrazioni alternative, aprendo così la strada a forme di convivenza più rispettose e consapevoli.

L'approfondimento del fascino delle teorie alternative e della psicologia del complotto si amplia considerando come queste narrazioni si inseriscano in un più ampio contesto di crisi epistemologica contemporanea, ovvero la difficoltà diffusa nel riconoscere e accettare fonti di conoscenza autorevoli. In un mondo iperconnesso e sovraccarico di informazioni, la capacità critica del singolo si trova spesso sotto pressione, con la conseguenza che si tende a privilegiare spiegazioni semplici e rassicuranti rispetto a dati complessi o contraddittori. Le teorie del complotto offrono in questo senso un sollievo cognitivo, incanalando dubbi e paure in narrazioni coerenti, anche se infondate, che permettono agli individui di mantenere una sensazione di controllo e di prevedibilità sul reale.

Un altro aspetto cruciale è l'interazione tra l'individuo e la dimensione collettiva delle credenze complottiste: il senso di comunità che si crea tra coloro che condividono la medesima visione alternativa può essere estremamente forte, con rituali comunicativi, linguaggi codificati e simboli che rafforzano il senso di appartenenza. Questo elemento sociale contribuisce a cementare le convinzioni, trasformandole in veri e propri pilastri dell'identità personale e di gruppo, difficili da mettere in discussione senza rischiare l'isolamento o la perdita di riconoscimento sociale. La dimensione identitaria quindi gioca un ruolo centrale nel mantenimento e nella diffusione delle teorie del complotto.

La psicologia del complotto si intreccia inoltre con il bisogno di trovare una spiegazione alle disuguaglianze e alle ingiustizie percepite nella società. Quando eventi tragici o complessi sfidano la capacità di comprensione tradizionale, molte persone cercano risposte che giustifichino queste realtà in modo più diretto, attribuendo responsabilità a entità nascoste o malevole. Questo processo può essere interpretato anche come una forma di resistenza contro un sistema che viene percepito come opprimente o manipolatore, facendo delle teorie complottiste un'espressione indiretta di malcontento sociale e culturale.

Sul piano neurobiologico, la tendenza ad aderire a spiegazioni alternative è associata a una maggiore attività nelle aree cerebrali coinvolte nella rilevazione di pattern e intenzionalità, anche laddove non esistono reali correlazioni. Questo fenomeno, noto come "apofenia", rappresenta una predisposizione innata della mente umana che, in condizioni di stress o incertezza, si amplifica. Capire questi meccanismi biologici aiuta a spiegare perché certe narrazioni abbiano una presa così forte e perché spesso si rivelino immuni a prove contrarie.

Nel contesto moderno, la comunicazione digitale svolge un ruolo fondamentale nel modellare e amplificare queste dinamiche. Le piattaforme social e i media online permettono la rapida circolazione di contenuti emotivamente coinvolgenti, spesso poco verificati, che alimentano la viralità delle teorie del complotto. Algoritmi progettati per massimizzare l'engagement tendono a privilegiare contenuti polarizzanti, rafforzando le cosiddette "camere dell'eco" dove gli utenti vengono esposti prevalentemente a informazioni che confermano le loro convinzioni pregresse. Questo isolamento informativo agisce come un filtro che protegge e rinforza la narrazione complottista.

Culturalmente, molte teorie alternative affondano le loro radici in narrazioni antiche e movimenti di protesta contro poteri percepiti come ingiusti o oppressivi. Questi elementi storici e simbolici rendono le teorie del complotto non solo un fenomeno di errore cognitivo, ma anche un'espressione di tensioni sociali profonde, che riflettono questioni irrisolte di fiducia, autorità e giustizia. Affrontare queste teorie quindi richiede non solo strumenti epistemologici, ma anche un'attenzione verso le implicazioni sociali e culturali che esse portano con sé.

Infine, è importante osservare come la psicologia del complotto sia influenzata anche da aspetti legati all'autostima e al bisogno di riconoscimento individuale. L'idea di possedere una conoscenza esclusiva o nascosta rispetto al grande pubblico genera un senso di unicità e superiorità che può essere altamente gratificante. Questo bisogno psicologico di distinzione e importanza personale contribuisce a rafforzare l'adesione alle teorie alternative e a ostacolare il dialogo con chi detiene visioni opposte.

In sintesi, il fascino delle teorie alternative e la psicologia del complotto rappresentano un fenomeno complesso e multidimensionale, dove elementi cognitivi, emotivi, sociali e culturali si intrecciano profondamente, dando vita a narrazioni che soddisfano molteplici bisogni umani. Comprendere questa complessità è fondamentale per sviluppare strategie di comunicazione e intervento efficaci, in grado di favorire una maggiore consapevolezza critica e una convivenza rispettosa tra visioni diverse, evitando l'escalation di conflitti e divisioni sociali.

L'analisi del fascino delle teorie alternative e della psicologia del complotto si può ampliare considerando anche il ruolo delle emozioni nell'elaborazione cognitiva delle informazioni. Spesso, l'adesione a queste narrazioni non è solo il risultato di un ragionamento razionale, ma coinvolge profondamente sentimenti come la paura, l'ansia, la sfiducia e la frustrazione. Questi stati emotivi, in particolare in contesti di crisi sociale o personale, possono rendere più vulnerabili le persone a spiegazioni semplicistiche e rassicuranti che offrono un senso di ordine e controllo, seppur illusorio. Le teorie complottiste forniscono così una narrazione coerente in cui le emozioni negative trovano una valvola di sfogo e un senso di giustificazione.

Un altro aspetto rilevante è l'effetto di gruppo e la dinamica sociale nelle comunità che condividono convinzioni complottiste. Il sostegno reciproco all'interno di questi gruppi rafforza le convinzioni e riduce l'inclinazione a mettere in discussione le proprie idee. Il senso di appartenenza, l'identificazione con il gruppo e la pressione sociale favoriscono la coesione e la diffusione delle teorie, creando un ambiente in cui il dissenso interno è spesso scoraggiato o stigmatizzato. In questo modo, la psicologia del complotto si intreccia con meccanismi di socializzazione e identità collettiva.

Inoltre, è interessante osservare come la personalizzazione e la mediatizzazione delle figure carismatiche che promuovono teorie alternative svolgano un ruolo cruciale. Questi leader spesso riescono a costruire un rapporto diretto con i loro seguaci, basato su empatia, storytelling e una retorica che valorizza la sfida all'establishment. La fiducia riposta in queste figure può superare quella nelle istituzioni tradizionali o nella comunità scientifica, spostando il focus dalla verifica oggettiva alla relazione interpersonale, rendendo così più difficile smontare le convinzioni radicate.

Le teorie alternative rispondono anche a un bisogno profondo di significato e appartenenza in un mondo percepito come complesso e disorientante. Offrono una narrazione che rende il reale più comprensibile e "narrabile", inserendo eventi casuali in un disegno preciso e intenzionale. Questo senso di narrazione può essere particolarmente attraente in una società frammentata, in cui molte persone si sentono alienate o marginalizzate. Il complottismo, in questo senso, può diventare una risposta esistenziale, una forma di ricerca di senso che va oltre la mera conoscenza fattuale.

Dal punto di vista sociologico, la diffusione delle teorie del complotto si accompagna spesso a una critica implicita o esplicita alle strutture di potere e alle disuguaglianze sociali. La narrazione complottista può essere interpretata come una modalità di resistenza culturale, una protesta contro una realtà percepita come ingiusta o manipolata. Questo elemento politico sottolinea come il complottismo non sia solo un fenomeno cognitivo o psicologico, ma anche una forma di espressione sociale e culturale che risponde a bisogni collettivi di giustizia e partecipazione.

A livello epistemologico, le teorie alternative mettono in luce anche le tensioni tra scienza e società, in particolare la sfida di comunicare efficacemente la conoscenza scientifica in un'epoca di pluralismo informativo e disintermediazione. Il fallimento nel rendere accessibili, comprensibili e credibili i risultati della ricerca scientifica alimenta il terreno fertile per il complottismo, che sfrutta la complessità e l'incertezza per proporre versioni semplificate e rassicuranti del mondo. Questo scenario evidenzia la necessità di una riflessione critica su come viene costruita e diffusa la conoscenza nella società contemporanea.

Infine, la psicologia del complotto si collega anche a un più ampio fenomeno di "post-verità", dove la percezione soggettiva e l'emozione prevalgono spesso sui fatti oggettivi. In questo contesto, la distinzione tra verità e finzione diventa sfumata, e le narrative alternative trovano terreno fertile per espandersi. La sfida diventa allora non solo quella di confutare con dati e prove, ma di affrontare le dinamiche emotive, sociali e culturali che sostengono la diffusione e la persistenza delle teorie del complotto, promuovendo un dialogo inclusivo e una maggiore alfabetizzazione critica.

L'attrazione verso le teorie alternative e la psicologia del complotto si amplifica anche in relazione alla struttura cognitiva umana, che tende a ricercare schemi e cause unificanti dietro eventi complessi e spesso casuali. Questa inclinazione, chiamata "pattern recognition", fa sì che la mente cerchi connessioni tra elementi apparentemente non correlati, portando alla formazione di narrazioni che spiegano il mondo in modo coerente, seppur a volte distorto. In situazioni di incertezza o crisi, questa tendenza si accentua, spingendo molte persone a preferire storie lineari e intenzionali, anziché accettare la complessità e l'ambiguità della realtà.

La psicologia del complotto è inoltre influenzata dalla cosiddetta "motivated reasoning", un processo per cui le persone interpretano le informazioni in modo da confermare le proprie convinzioni preesistenti e proteggere la propria identità e visione del mondo. Questo meccanismo porta a una selezione attiva delle prove, ignorando o sminuendo quelle contrarie, rafforzando così la convinzione nella teoria complottista e rendendo difficile la persuasione con dati scientifici o razionali. L'interazione tra bias cognitivi e motivazioni emotive crea un circolo vizioso in cui la realtà percepita si distanzia sempre più dai fatti verificabili.

Importante è anche il ruolo del contesto socio-culturale, che influisce sulla diffusione e il radicamento delle teorie alternative. In società caratterizzate da alti livelli di disuguaglianza, instabilità politica o crisi economiche, il senso di insicurezza aumenta, e con esso la ricerca di spiegazioni che diano un senso alle difficoltà vissute. Le teorie del complotto diventano così un modo per dare voce a un malessere diffuso e per identificare responsabili esterni a cui attribuire la colpa, creando un senso di controllo psicologico anche di fronte a situazioni imprevedibili o ingovernabili.

Un ulteriore elemento da considerare è la dimensione identitaria e simbolica che accompagna l'adesione a teorie alternative. La scelta di credere in un complotto o in una visione alternativa del mondo può diventare un tratto distintivo, una forma di autoaffermazione e differenziazione rispetto alla massa, al mainstream culturale e alle autorità istituzionali. Questa ricerca di unicità e di appartenenza a una comunità "speciale" contribuisce a rafforzare il legame emotivo con le credenze, rendendo più difficile il cambiamento di prospettiva e favorendo un'identificazione profonda con il gruppo di riferimento.

Dal punto di vista comunicativo, le teorie alternative sfruttano linguaggi semplici, evocativi e spesso emotivamente coinvolgenti, che risultano più immediati e persuasivi rispetto ai discorsi scientifici complessi e tecnici. L'uso di metafore potenti, immagini simboliche e narrazioni epiche contribuisce a catturare l'attenzione e a trasmettere messaggi che risuonano con i bisogni emotivi e culturali del pubblico. Questa modalità di comunicazione si adatta perfettamente ai nuovi media digitali, che premiano contenuti brevi, fortemente impattanti e condivisibili.

Inoltre, l'ecosistema digitale crea un ambiente in cui le teorie alternative possono proliferare senza filtri, alimentate da algoritmi che privilegiano l'engagement e la polarizzazione. La personalizzazione dei contenuti rende più probabile l'esposizione continua a informazioni che confermano le proprie idee, rafforzando le convinzioni e isolando gli individui da punti di vista diversi. Questa dinamica accentua la formazione di "bolle informative" e "camere dell'eco", che rafforzano l'identità di gruppo e la diffidenza verso fonti esterne.

Non va trascurato infine l'aspetto evolutivo e biologico: alcune ricerche suggeriscono che la tendenza a credere in teorie complottiste possa avere radici nella necessità ancestrale di riconoscere rapidamente minacce e agenti ostili nell'ambiente. In un'epoca in cui la sopravvivenza dipendeva dalla prontezza nell'identificare pericoli nascosti, una propensione a sospettare di cause nascoste poteva essere vantaggiosa. Sebbene oggi questo meccanismo sia meno funzionale, può ancora influenzare i processi cognitivi, favorendo la formazione di credenze alternative anche in assenza di prove concrete.

Questi molteplici fattori, intrecciati tra loro, delineano un quadro complesso e articolato della psicologia del complotto, mostrando come l'adesione a teorie alternative non sia semplicemente una questione di ignoranza o disinformazione, ma un fenomeno profondamente radicato nelle dinamiche cognitive, emotive, sociali e culturali dell'essere umano. Capire questa complessità è essenziale per sviluppare strategie efficaci di comunicazione e intervento, che tengano conto non solo della dimensione razionale, ma anche di quella emotiva e relazionale, mirando a costruire un dialogo inclusivo e rispettoso delle differenze.

L'attrazione verso le teorie alternative e la psicologia del complotto trova radici anche nell'interazione tra il bisogno umano di senso e l'incertezza intrinseca alla vita moderna, caratterizzata da un flusso incessante di informazioni spesso contraddittorie. In un contesto così complesso, molte persone trovano rassicurante aderire a narrazioni che offrono spiegazioni nette e complete, seppur semplicistiche, su fenomeni altrimenti difficili da comprendere o accettare. Questa ricerca di chiarezza e coerenza si accompagna a una diffidenza crescente verso le fonti ufficiali, percepite come troppo burocratiche, impersonali o addirittura manipolatrici.

Il bisogno di unicità, che spinge alcune persone a sentirsi "speciali" o "illuminate" rispetto alla massa, si integra con dinamiche di appartenenza sociale, dove l'adesione a teorie alternative diventa una forma di costruzione identitaria condivisa con altri membri del gruppo. La comunità dei credenti in complotti si caratterizza spesso per un forte senso di solidarietà interna e per un atteggiamento critico verso l'esterno, che rafforza il legame e alimenta una narrativa di resistenza contro un presunto sistema opprimente o ingannevole. Questa polarizzazione è favorita anche dalle piattaforme digitali, che amplificano la visibilità e la diffusione di contenuti radicali, creando ambienti dove le idee trovano conferma continua.

La psicologia cognitiva mette in luce anche il ruolo di specifici bias, come il bias di conferma, che porta le persone a cercare, interpretare e ricordare le informazioni in modo da supportare le proprie convinzioni, ignorando o scartando quelle contrarie. Questo fenomeno è particolarmente rilevante nell'ambito delle teorie complottiste, dove ogni fatto che contraddice la teoria può essere reinterpretato come parte del complotto stesso, alimentando così un circolo vizioso di auto-conferma. Inoltre, il bias di attribuzione intenzionale spinge a vedere eventi casuali o complessi come il risultato di azioni intenzionali e pianificate da parte di gruppi di potere nascosti.

Sul piano emotivo, il senso di alienazione e impotenza che molti individui sperimentano nella società contemporanea contribuisce a rendere più appetibili le spiegazioni alternative. Le teorie del complotto offrono infatti un senso di controllo e di comprensione, anche se basato su una visione distorta della realtà, dando la possibilità di identificare nemici precisi e di costruire una narrazione di lotta e resistenza. Questo meccanismo aiuta a gestire ansie e incertezze, trasformando la percezione di essere vittime passive in quella di protagonisti consapevoli.

La comunicazione delle teorie alternative si avvale spesso di un linguaggio emotivamente carico e simbolico, che riesce a toccare corde profonde legate alla paura, alla sfiducia e alla speranza. Le narrazioni complottiste usano metafore potenti e immagini evocative che facilitano la memorizzazione e la condivisione, rendendo il messaggio più coinvolgente rispetto ai discorsi scientifici che possono apparire tecnici e distaccati. Questo approccio comunicativo si adatta particolarmente bene ai social media, dove la viralità e l'engagement premiano contenuti immediati, forti e polarizzanti.

Inoltre, le dinamiche di gruppo all'interno delle comunità complottiste giocano un ruolo cruciale nel rafforzamento delle credenze. L'interazione sociale, il riconoscimento reciproco e la partecipazione a eventi o forum online creano un senso di appartenenza e identità condivisa, che rende più difficile abbandonare le convinzioni acquisite. Il confronto con chi la pensa diversamente viene spesso vissuto come una minaccia, portando a meccanismi di difesa che consolidano ulteriormente la posizione del gruppo.

Un altro aspetto importante è la sfida che la scienza e le istituzioni ufficiali pongono al mondo delle teorie alternative. La percezione di una scienza distante, burocratica o influenzata da interessi economici o politici alimenta la sfiducia, spingendo molte persone a preferire fonti alternative che sembrano offrire verità "nascoste" o "censure". Questo sentimento di opposizione contribuisce a creare una narrazione di lotta tra "verità" e "inganno", dove ogni smentita ufficiale viene interpretata come conferma del complotto.

Infine, l'aspetto culturale e mediatico gioca un ruolo fondamentale nel modellare l'attrattiva delle teorie del complotto. Film, serie TV, libri e programmi che presentano trame complottiste contribuiscono a legittimare e normalizzare queste visioni, fornendo un terreno fertile per la loro diffusione. La fascinazione per il mistero, il segreto e il potere nascosto è parte integrante della cultura popolare contemporanea, e questo contesto contribuisce a rendere le teorie alternative particolarmente attraenti per un ampio pubblico.

Questi elementi, intrecciandosi, disegnano un quadro complesso e articolato della psicologia che sta alla base del fascino per le teorie alternative e il complottismo, evidenziando come si tratti di un fenomeno multidimensionale che coinvolge aspetti cognitivi, emotivi, sociali e culturali. Comprendere questa complessità è essenziale per affrontare con efficacia le sfide poste dalla diffusione di tali teorie nella società contemporanea.

L'esplorazione del fascino delle teorie alternative e della psicologia del complotto si arricchisce ulteriormente analizzando come, in condizioni di stress e incertezza, il cervello umano sia incline a cercare modelli riconoscibili e spiegazioni causali semplici per fenomeni complessi o apparentemente caotici. Questa tendenza cognitiva è amplificata quando le persone si sentono minacciate o marginalizzate, portandole a dare maggiore peso a narrazioni che attribuiscono responsabilità a entità specifiche, spesso dipinte come malevoli o manipolatrici. Tale meccanismo aiuta a ridurre l'ansia generata dall'incertezza, offrendo una falsa sensazione di controllo e prevedibilità.

La costruzione di queste narrazioni spesso si fonda su una selezione selettiva delle informazioni, dove dati parziali o eventi isolati vengono interpretati come prove inconfutabili di un disegno più ampio, ignorando contestualizzazioni o spiegazioni alternative. In questo modo si crea una visione del mondo polarizzata, che divide la realtà in "noi" contro "loro", con chi crede nella versione ufficiale percepito come parte di un sistema opprimente o ingannevole. Questa dicotomia rafforza la coesione interna del gruppo e alimenta una resistenza emotiva a cambiare idea, poiché ammettere l'errore significherebbe anche riconoscere una propria vulnerabilità e perdita di identità.

Un aspetto psicologico rilevante riguarda la ricerca di senso e significato che spesso accompagna le fasi di crisi personale o collettiva. Le teorie del complotto forniscono risposte che sembrano soddisfare questa esigenza profonda, permettendo agli individui di sentirsi parte di una storia più grande e di un movimento che "sa la verità". Questo senso di missione e scoperta può essere fonte di gratificazione psicologica, conferendo un ruolo attivo e propositivo a chi le abbraccia, in contrasto con la passività che può derivare dall'accettazione di spiegazioni scientifiche complesse o impersonali.

Inoltre, il fenomeno del "bias di attribuzione", che spinge a vedere cause intenzionali dietro eventi casuali, rende più facile credere che nulla accada per caso e che ogni cosa faccia parte di un piano preciso. Questa inclinazione si combina con la percezione di complessità e opacità delle istituzioni moderne, che rafforza l'idea che vi siano forze nascoste che manipolano il mondo a proprio vantaggio. In questo contesto, il complottismo diventa una lente interpretativa che semplifica la realtà e offre un ordine apparente a un mondo percepito come caotico.

La dimensione sociale è cruciale per comprendere come queste teorie si diffondano e si radichino. Le comunità online, grazie alla loro natura partecipativa e alla possibilità di anonimato, creano spazi in cui è possibile condividere idee e rafforzare credenze senza la necessità di confronto critico diretto. Questi ambienti virtuali favoriscono l'eco di idee simili, dove l'appartenenza al gruppo è premiata e il dissenso è spesso percepito come un attacco personale o una forma di censura. Questo isolamento cognitivo accentua il consolidamento delle convinzioni e rende più difficile la riapertura al dialogo.

Non meno importante è il ruolo della narrazione e della costruzione del messaggio. Le teorie alternative spesso utilizzano storytelling accattivanti, ricchi di elementi drammatici, misteriosi e provocatori, che attraggono l'attenzione e stimolano la curiosità. Questo approccio comunicativo, unito all'uso di piattaforme multimediali che permettono una diffusione rapida e capillare, amplifica l'impatto emotivo e sociale delle teorie del complotto, rendendole accessibili e persuasive anche per un pubblico più vasto e variegato.

Un ulteriore elemento da considerare è la percezione del conflitto tra conoscenza "ufficiale" e "alternativa" come una battaglia tra potere e verità, dove il sapere scientifico è visto come uno strumento di controllo e oppressione da parte di élite occulte. Questa narrazione si collega a una diffusa crisi di fiducia nelle istituzioni politiche, economiche e culturali, che contribuisce a legittimare le teorie del complotto come forme di resistenza o emancipazione intellettuale.

La complessità del fenomeno si riflette anche nella varietà di motivazioni individuali e collettive che spingono le persone a aderire a tali credenze, che possono spaziare dalla semplice curiosità e desiderio di appartenenza fino a forme più profonde di alienazione, frustrazione e ricerca di giustizia. Tale eterogeneità rende difficile una risposta univoca e richiede approcci multidisciplinari per comprendere e intervenire efficacemente.

Infine, la diffusione delle teorie del complotto è influenzata anche dai contesti culturali e storici specifici, che ne modellano i contenuti e le modalità di espressione. Fattori come la polarizzazione politica, le crisi economiche, i cambiamenti tecnologici e sociali contribuiscono a creare un terreno fertile per la loro proliferazione, evidenziando come il complottismo sia un fenomeno dinamico e in continua evoluzione, che riflette le tensioni e le sfide della società contemporanea in modo profondo e articolato.

Concludendo, il fascino delle teorie alternative e della psicologia del complotto emerge come un fenomeno complesso e multilivello, radicato profondamente nei meccanismi cognitivi e sociali umani. Le teorie del complotto offrono risposte apparentemente semplici a domande difficili, soddisfacendo il bisogno intrinseco di ordine e significato in un mondo spesso percepito come caotico e imprevedibile. Il bisogno di unicità e appartenenza spinge molti individui a identificarsi con comunità che condividono queste visioni, trasformando la ricerca della "verità nascosta" in un'esperienza identitaria e spesso emotivamente gratificante.

Dal punto di vista psicologico, i bias cognitivi giocano un ruolo cruciale nel consolidare e rafforzare tali credenze, impedendo il confronto critico e la revisione delle proprie idee. Il rifiuto del mainstream e della conoscenza istituzionalizzata si intreccia con sentimenti di sfiducia verso le autorità, le élite e le istituzioni scientifiche, alimentando un circolo vizioso di alienazione e isolamento che difficilmente si interrompe senza interventi mirati. Le comunità online e i social media, con i loro algoritmi e camere dell'eco, contribuiscono a radicare ulteriormente queste convinzioni, fornendo spazi dove tali idee trovano conferma, legittimazione e diffusione rapida.

Inoltre, il modo in cui queste teorie vengono comunicate, attraverso narrazioni emozionanti e coinvolgenti, aumenta il loro appeal e la loro persuasività, attirando un pubblico variegato e spesso in cerca di risposte alternative alle versioni ufficiali. Tale dinamica mette in evidenza come il complottismo non sia solo un problema di ignoranza o disinformazione, ma anche una questione di bisogno umano di senso, relazione e riconoscimento.

Infine, per affrontare efficacemente questo fenomeno è necessario un approccio integrato, che consideri tanto gli aspetti cognitivi e psicologici quanto quelli socioculturali, promuovendo educazione critica, dialogo empatico e costruzione di fiducia nelle istituzioni. Solo così sarà possibile contrastare l'attrattiva delle teorie del complotto e favorire un rapporto più equilibrato e consapevole con la conoscenza scientifica e le narrazioni ufficiali, tenendo conto della complessità e della profondità delle esigenze umane che le alimentano.

11. Educazione scientifica e spirito critico: come rispondere (Scuola, divulgazione, ascolto attivo, confronto costruttivo)

L'educazione scientifica e lo sviluppo dello spirito critico rappresentano strumenti fondamentali per rispondere in modo efficace alla diffusione delle teorie della Terra piatta e, più in generale, alle credenze complottiste. Nel contesto scolastico, l'insegnamento della scienza deve andare ben oltre la semplice trasmissione di nozioni: è essenziale stimolare nei ragazzi la capacità di analizzare le informazioni, di porsi domande e di valutare le fonti con consapevolezza. Questo processo educativo dovrebbe incentivare un approccio esplorativo e sperimentale, in cui la verifica pratica delle ipotesi diventa un'esperienza diretta e coinvolgente. Attraverso esperimenti semplici e dimostrazioni concrete, gli studenti possono osservare in prima persona fenomeni naturali, comprendendo così la differenza tra dati empirici e opinioni non fondate.

Parallelamente, la divulgazione scientifica riveste un ruolo cruciale per raggiungere un pubblico più ampio, anche fuori dalle aule scolastiche. Divulgatori competenti, capaci di comunicare in modo chiaro, empatico e appassionante, riescono a rendere accessibili concetti complessi e a smontare miti con argomentazioni basate su evidenze. Il dialogo deve essere sempre aperto e rispettoso, evitando atteggiamenti paternalistici o denigratori che rischiano di creare resistenze e allontanare chi nutre dubbi o convinzioni alternative. La chiave è promuovere un ascolto attivo, dove le paure, le emozioni e le motivazioni di chi crede in teorie alternative vengono accolte e comprese, non ignorate o derise.

Il confronto costruttivo, inteso come un dialogo basato sul rispetto reciproco e sulla volontà di comprendere le diverse prospettive, può favorire la progressiva revisione delle convinzioni errate. Attraverso domande aperte e stimoli al pensiero critico, è possibile guidare le persone a mettere in discussione le loro idee, mostrando allo stesso tempo come la scienza si basi su un metodo dinamico e autocorrettivo, capace di evolvere e adattarsi grazie al confronto con i fatti. Questo approccio contribuisce anche a ridurre il senso di esclusione o sfiducia che spesso alimenta l'adesione a credenze marginali, creando un terreno più fertile per la ricostruzione di un rapporto di fiducia con la conoscenza istituzionale.

L'educazione scientifica non deve limitarsi alla sfera cognitiva ma deve includere anche un'attenzione agli aspetti emotivi e sociali. Insegnare a riconoscere i propri bias cognitivi, a gestire l'incertezza e a tollerare l'ambiguità è parte integrante dello sviluppo di uno spirito critico maturo. Inoltre, favorire la collaborazione e il confronto tra pari stimola l'apertura mentale e riduce la polarizzazione delle opinioni, contribuendo a costruire comunità più resilienti e informate.

Infine, è importante sottolineare come la risposta educativa debba essere continua e integrata in una strategia più ampia che coinvolga media, istituzioni e società civile. Solo attraverso un impegno collettivo e coordinato sarà possibile contrastare efficacemente la diffusione di disinformazione e pseudoscienza, promuovendo una cultura del dubbio sano e della ricerca della verità che valorizzi il sapere scientifico come bene comune e risorsa essenziale per la convivenza e il progresso.

Un ulteriore aspetto cruciale nell'ambito dell'educazione scientifica e dello sviluppo dello spirito critico riguarda l'importanza di promuovere competenze trasversali come il pensiero logico, la capacità di riconoscere e valutare le fallacie argomentative e di decodificare il linguaggio utilizzato nei media e nelle comunicazioni digitali. In un'epoca dominata dall'informazione veloce e spesso frammentaria, saper discernere tra notizie affidabili e manipolazioni diventa indispensabile per difendersi dalla disinformazione. Questo richiede l'insegnamento di strumenti pratici per analizzare le fonti, verificare i fatti, e comprendere il contesto in cui certe informazioni vengono diffuse. L'alfabetizzazione mediatica si intreccia così con l'educazione scientifica, creando un solido sistema di difesa contro le narrazioni fuorvianti.

Inoltre, la costruzione dello spirito critico va incoraggiata fin dall'infanzia con metodologie didattiche che privilegiano il dialogo e la discussione aperta, piuttosto che l'apprendimento passivo. Creare ambienti educativi dove gli studenti si sentano liberi di esprimere dubbi, porre domande e sperimentare idee alternative in un clima di rispetto reciproco stimola la curiosità e la capacità di ragionamento. Questi momenti di confronto sono preziosi perché insegnano anche a tollerare le opinioni diverse, ad argomentare con basi razionali e a riconoscere i limiti delle proprie conoscenze.

Parallelamente, è necessario investire nella formazione degli insegnanti e dei divulgatori scientifici, affinché siano preparati non solo a trasmettere contenuti ma anche a gestire il dialogo con chi si trova in posizioni di dubbio o scetticismo. Le resistenze alle idee scientifiche spesso non derivano da semplice ignoranza, ma da elementi emotivi, sociali o identitari profondi; perciò, la capacità di ascolto empatico e la comunicazione non conflittuale diventano abilità fondamentali. Strategie basate sul confronto diretto, accompagnate da narrazioni che valorizzano la storia della scienza, i suoi successi e i suoi errori, possono aiutare a demistificare la scienza stessa e a ridurre la percezione di un sapere distante o elitario.

Un'altra dimensione rilevante riguarda l'uso consapevole delle nuove tecnologie per la didattica e la divulgazione. Le piattaforme digitali possono offrire spazi interattivi dove apprendere attraverso simulazioni, esperimenti virtuali e comunità di apprendimento collaborativo. Tali strumenti permettono di coinvolgere in modo dinamico e personalizzato, superando le barriere di tempo e spazio, e favorendo l'accesso a contenuti aggiornati e di qualità. Tuttavia, è importante anche sviluppare una consapevolezza critica verso l'uso dei social media, che spesso amplificano la disinformazione, per guidare gli utenti a un consumo più riflessivo e selettivo dei contenuti online.

Infine, la promozione dello spirito critico si inserisce in un contesto più ampio di educazione civica, dove la conoscenza scientifica è vista come parte integrante della responsabilità sociale e della partecipazione consapevole alla vita democratica. Comprendere i metodi della scienza, saper valutare le evidenze e distinguere tra opinioni e fatti sono competenze essenziali non solo per il singolo individuo, ma per la collettività, soprattutto in un'epoca in cui decisioni cruciali riguardano temi complessi come il cambiamento climatico, la salute pubblica e le tecnologie emergenti. In questo senso, l'educazione scientifica e lo spirito critico diventano pilastri per costruire una società informata, resiliente e capace di affrontare con ragione e consapevolezza le sfide del presente e del futuro.

Un altro elemento di grande rilievo riguarda la necessità di integrare nell'educazione scientifica un approccio interdisciplinare che coinvolga non solo le scienze naturali, ma anche la filosofia, la psicologia e la sociologia. La capacità di sviluppare uno spirito critico infatti non si limita all'apprendimento di dati e formule, ma implica la comprensione di come la conoscenza viene costruita, validata e, talvolta, messa in discussione nel tempo. Questo consente agli studenti e al pubblico di riconoscere la scienza come un processo dinamico, soggetto a revisioni e miglioramenti, e non come un insieme di verità assolute e immutabili. L'approccio interdisciplinare favorisce quindi una visione più completa e realistica, aiutando a evitare semplificazioni eccessive che possono alimentare fraintendimenti e sospetti.

In questo contesto, diventa fondamentale anche l'insegnamento della metacognizione, ovvero la capacità di riflettere sul proprio modo di pensare e di apprendere. Imparare a riconoscere i propri pregiudizi, le proprie emozioni e le modalità con cui si elaborano le informazioni rappresenta un passaggio chiave per sviluppare una mentalità aperta e critica. Attraverso esercizi mirati, discussioni guidate e analisi di casi concreti, gli educatori possono aiutare le persone a diventare consapevoli dei meccanismi cognitivi che spesso conducono a errori di valutazione o a credenze infondate, come quelle tipiche del terrapiattismo.

Parallelamente, il ruolo della comunità e delle dinamiche sociali va considerato con attenzione: la condivisione di idee e opinioni avviene sempre in un contesto culturale e relazionale che può influenzare fortemente il modo in cui le informazioni vengono recepite e interpretate. Educare allo spirito critico significa anche insegnare a riconoscere le pressioni sociali, i meccanismi di gruppo e le strategie di persuasione che possono favorire la diffusione di convinzioni errate. Promuovere ambienti dove sia possibile confrontarsi apertamente e senza giudizio, sviluppare l'empatia e costruire relazioni basate sulla fiducia aiuta a creare un terreno fertile per il dialogo costruttivo.

Inoltre, è importante sottolineare come l'educazione scientifica non debba essere concepita come un'attività occasionale o sporadica, ma come un percorso continuo che accompagna la persona lungo tutto l'arco della vita. Le sfide poste dalla diffusione di disinformazione, specialmente nell'era digitale, richiedono un aggiornamento costante delle competenze critiche e la capacità di adattarsi ai cambiamenti del contesto informativo. Per questo motivo, sono preziosi anche gli spazi di formazione per adulti, le iniziative di divulgazione pubblica e le collaborazioni tra istituzioni educative, media e organizzazioni della società civile.

Il sostegno alle iniziative di citizen science, che coinvolgono i cittadini nella raccolta di dati scientifici e nella sperimentazione diretta, può rappresentare un potente strumento per avvicinare il pubblico alla pratica scientifica e per demistificare i processi di ricerca. Coinvolgere le persone in attività concrete permette di costruire una relazione più personale e significativa con la scienza, rafforzando la fiducia nel metodo e nei risultati.

Infine, occorre considerare anche le sfide e i limiti insiti nella comunicazione della scienza stessa. I messaggi scientifici spesso risultano complessi e possono essere percepiti come distanti dalla realtà quotidiana delle persone. Per questo, è fondamentale adottare strategie comunicative che siano inclusive, culturalmente sensibili e capaci di dialogare con le diverse esperienze di vita. Solo così si può sperare di costruire un ponte efficace tra il sapere scientifico e il pubblico generale, favorendo una diffusione della conoscenza che sia autenticamente partecipata e condivisa.

Un aspetto spesso sottovalutato nella promozione dell'educazione scientifica e dello spirito critico è il ruolo dell'emotività e della dimensione affettiva nel processo di apprendimento e accettazione delle idee. La scienza viene percepita a volte come un ambito freddo e distante, e questa percezione può generare resistenze emotive che ostacolano la disponibilità ad ascoltare e a mettere in discussione le proprie convinzioni. Per superare queste barriere è essenziale valorizzare l'aspetto umano della scienza, raccontando le storie di scienziati, le loro passioni, dubbi e sfide, in modo da creare un legame empatico con chi apprende. Questo approccio narrativo favorisce un coinvolgimento più profondo e può facilitare l'apertura mentale necessaria per sviluppare il pensiero critico.

Inoltre, la creazione di contesti educativi che promuovano la collaborazione e la costruzione collettiva della conoscenza è un'altra strategia efficace. Lavorare in gruppo permette non solo di confrontarsi con diversi punti di vista, ma anche di imparare a riconoscere e rispettare la diversità di opinioni, sviluppando al contempo capacità di argomentazione e di ascolto attivo. Questi contesti possono avvenire sia in aula sia in spazi digitali dedicati, e costituiscono un'importante palestra per il pensiero critico, in cui la conoscenza non è un prodotto individuale e statico, ma un processo dinamico e condiviso.

L'educazione scientifica deve inoltre integrare l'analisi critica delle fonti di informazione, specialmente nell'era digitale, dove la vastità e la rapidità dei flussi informativi possono generare confusione e sovraccarico cognitivo. Imparare a valutare l'autorevolezza, la qualità e la coerenza delle fonti diventa quindi una competenza essenziale. Ciò implica anche la comprensione dei meccanismi di funzionamento degli algoritmi che governano i social media e le piattaforme di ricerca, capaci di creare bolle informative e rinforzare bias cognitivi. Formare cittadini digitali consapevoli significa anche fornire strumenti per riconoscere e contrastare queste dinamiche, contribuendo a un ecosistema informativo più sano e critico.

Parimenti, va sottolineata l'importanza di non demonizzare chi sostiene teorie alternative o crede in informazioni non scientifiche, ma piuttosto di adottare un atteggiamento inclusivo e dialogico. Spesso, dietro a certe convinzioni, si celano bisogni profondi di appartenenza, sicurezza e senso di identità. Il confronto costruttivo passa attraverso il riconoscimento di questi aspetti umani e sociali, evitando stigmatizzazioni che rischiano di rafforzare le divisioni e alimentare ulteriormente la sfiducia. L'obiettivo non è solo trasmettere conoscenze, ma costruire relazioni di fiducia e rispetto reciproco.

Infine, si può riflettere sull'importanza di integrare nell'educazione scientifica momenti di sperimentazione diretta e attività pratiche che stimolino la curiosità e la scoperta. La possibilità di "fare scienza" con le proprie mani, anche attraverso semplici esperimenti o osservazioni, aiuta a consolidare il metodo scientifico come un percorso di indagine basato su prove e ragionamento. Questo tipo di esperienza concreta rafforza l'autoefficacia e la motivazione all'apprendimento, elementi fondamentali per sviluppare uno spirito critico duraturo e radicato.

In conclusione, l'educazione scientifica e lo sviluppo dello spirito critico rappresentano strumenti imprescindibili per contrastare la disinformazione e favorire una società più consapevole e resiliente. La loro efficacia dipende dalla capacità di andare oltre la semplice trasmissione di nozioni, integrando un approccio interdisciplinare che abbracci la complessità del sapere e riconosca la dimensione umana dell'apprendimento. È necessario educare a riconoscere i propri pregiudizi cognitivi, valorizzare il dialogo aperto e inclusivo, e promuovere ambienti dove la diversità di opinioni non sia motivo di divisione, ma occasione di crescita collettiva. L'insegnamento deve essere continuo, aggiornato e capace di coinvolgere attivamente i cittadini, anche attraverso esperienze pratiche e partecipative come la citizen science.

Un'attenzione particolare deve essere riservata alla formazione sulle competenze digitali e sulla capacità di analisi critica delle fonti, fondamentali nell'epoca dell'informazione veloce e spesso manipolata. Solo sviluppando una mentalità che sappia navigare con consapevolezza tra le molteplici informazioni, valutandone l'attendibilità, si può sperare di ridurre la diffusione di credenze errate o ingannevoli. Al tempo stesso, adottare un approccio empatico e non giudicante nei confronti di chi si avvicina a teorie alternative favorisce il confronto costruttivo e aiuta a ricostruire quella fiducia nelle istituzioni e nella scienza che è alla base di una convivenza sociale armoniosa.

Infine, l'educazione scientifica deve essere vista non come un mero obbligo scolastico, ma come un processo di crescita personale e collettiva, capace di alimentare la curiosità, il senso critico e la capacità di partecipare attivamente alla società democratica. In un mondo in continuo cambiamento, dove la conoscenza si evolve rapidamente e le sfide globali richiedono decisioni informate, lo spirito critico diventa una vera e propria risorsa strategica, essenziale per costruire un futuro sostenibile e inclusivo, in cui il sapere scientifico sia un bene comune accessibile a tutti.

12. Oltre la Terra piatta: perché è importante parlarne davvero (Difesa del pensiero critico, libertà d'opinione vs. verità verificabile, conseguenze sociali)

Parlare della Terra piatta, più che soffermarsi sulla validità delle sue teorie, rappresenta un'opportunità cruciale per riflettere sul valore del pensiero critico nella società contemporanea. In un'epoca dominata dall'informazione digitale, dove ogni voce può trovare spazio e diffusione, diventa fondamentale distinguere tra libertà d'opinione e verità verificabile, senza cadere nella trappola del relativismo assoluto che rischia di sovvertire le basi stesse del sapere condiviso. Discutere della Terra piatta significa quindi difendere il diritto di tutti a essere informati correttamente, ma anche sottolineare l'importanza di basare le proprie convinzioni su evidenze scientifiche rigorose, che si fondano su metodi ripetibili e verificabili.

Questo dibattito non riguarda solo la forma del nostro pianeta, ma incide profondamente su come le società moderne affrontano temi di grande rilevanza, quali la salute pubblica, il cambiamento climatico, le tecnologie emergenti e la governance globale. La diffusione di credenze errate o non fondate può avere conseguenze tangibili, mettendo a rischio la coesione sociale, la fiducia nelle istituzioni e la capacità collettiva di affrontare sfide complesse. Perciò, comprendere perché alcune teorie alternative prosperano e come gestire il confronto con esse è indispensabile per preservare un tessuto sociale sano e resiliente.

Inoltre, parlare seriamente di queste tematiche significa anche promuovere un dialogo inclusivo, che non escluda chi si sente alienato o sfiduciato nei confronti della scienza e delle autorità, ma che invece cerchi di comprendere le radici di tali sentimenti e di offrire risposte basate sull'empatia e sulla partecipazione attiva. Questo approccio può contribuire a costruire ponti tra diverse visioni del mondo, favorendo la costruzione di una cultura del rispetto e della responsabilità condivisa. La sfida è quindi duplice: da un lato, salvaguardare la qualità dell'informazione e la diffusione del metodo scientifico; dall'altro, mantenere aperti gli spazi di confronto e di dialogo, senza rinunciare al rigore e alla ricerca della verità.

Infine, affrontare il tema della Terra piatta e delle sue implicazioni sociali ci aiuta a riflettere sul ruolo dell'educazione, dei media e delle istituzioni nella costruzione di una società informata e consapevole. È un invito a riconoscere che la lotta contro la disinformazione non è solo una questione tecnica, ma un impegno culturale e civico che coinvolge tutti, dai singoli cittadini ai governi, passando per le scuole, i giornalisti e gli esperti. Solo così si potrà garantire un futuro in cui la conoscenza scientifica sia un pilastro solido su cui fondare le decisioni collettive, e in cui la libertà d'opinione conviva armoniosamente con la responsabilità verso la verità e il bene comune.

Parlare di Terra piatta oggi significa anche affrontare una delle sfide più complesse del nostro tempo, quella della convivenza tra informazione e disinformazione in una realtà sempre più connessa e digitale. La facilità con cui le teorie alternative possono diffondersi attraverso social media, piattaforme video e forum online pone questioni profonde su come la società gestisce il flusso di conoscenza e quali meccanismi mettere in atto per salvaguardare la qualità del dibattito pubblico senza censure arbitrarie. La questione non è solo tecnica o scientifica, ma anche etica e politica: come bilanciare la libertà di espressione con la necessità di contrastare la proliferazione di false informazioni che possono danneggiare individui e comunità? Questo equilibrio delicato richiede un approccio multidimensionale che coinvolga educazione, legislazione, tecnologia e responsabilità civica.

Il dibattito intorno alla Terra piatta mette in luce anche la fragilità della fiducia pubblica nelle istituzioni scientifiche e accademiche, che spesso viene erosa da scandali, contraddizioni percepite, o dalla difficoltà di comunicare la complessità della ricerca in modo accessibile e trasparente. Quando le persone sentono che la scienza è distante o poco comprensibile, si aprono spazi per la diffusione di idee alternative che offrono risposte semplici e rassicuranti, seppur errate. Questo fenomeno evidenzia l'importanza di un dialogo più efficace e inclusivo tra esperti e cittadini, che sappia superare la mera divulgazione per abbracciare l'ascolto attivo, la partecipazione e la costruzione condivisa della conoscenza.

Parlare di Terra piatta significa anche riflettere sulle dinamiche psicologiche e sociali che spingono alcune persone a identificarsi con movimenti che sfidano il consenso scientifico. Il bisogno di senso, di appartenenza, e di sentirsi parte di una comunità che "conosce la verità nascosta" sono fattori potenti che rendono queste teorie particolarmente seducenti. Riconoscere queste motivazioni non significa legittimare le false credenze, ma comprendere il tessuto umano che le sostiene, con l'obiettivo di costruire strategie di comunicazione e intervento più empatiche ed efficaci. È un invito a trattare le persone non come meri portatori di errori, ma come interlocutori con cui instaurare un rapporto di fiducia, basato sul rispetto reciproco e sulla valorizzazione della capacità critica.

La riflessione su questo tema apre anche una finestra sulle implicazioni sociali più ampie: come le teorie del complotto e le idee alternative influenzano il comportamento collettivo, la partecipazione civica e la coesione sociale? Quando si diffondono convinzioni che mettono in dubbio fatti consolidati, si rischia di indebolire le basi del consenso necessario per affrontare sfide globali come la crisi climatica, le pandemie o la gestione delle risorse comuni. In questo senso, parlare di Terra piatta è un modo per indagare come la società possa rafforzare i propri meccanismi di resilienza culturale e informativa, sviluppando un tessuto sociale più solido e meno vulnerabile alle manipolazioni.

Inoltre, discutere di questo fenomeno aiuta a mettere a fuoco il ruolo delle nuove tecnologie nella formazione delle opinioni pubbliche. Algoritmi di raccomandazione, bolle informative e camere dell'eco creano ambienti virtuali in cui le persone tendono a incontrare solo contenuti che confermano le loro convinzioni preesistenti, alimentando così polarizzazione e radicalizzazione. Capire queste dinamiche è fondamentale per progettare strumenti e politiche che favoriscano una pluralità di punti di vista e stimolino il confronto critico, piuttosto che il chiudersi in bolle auto-referenziali.

Infine, affrontare il discorso sulla Terra piatta ci porta a interrogare la natura stessa del sapere e della verità in una società complessa e globalizzata. Come si costruisce una narrazione condivisa in un mondo in cui le fonti sono molteplici, spesso contraddittorie, e in cui la soggettività e le emozioni giocano un ruolo centrale nella formazione delle opinioni? Questa domanda ci spinge a ripensare i metodi educativi, i modelli di comunicazione e le pratiche di partecipazione democratica, in vista di un futuro in cui il dialogo tra scienza e società sia più trasparente, inclusivo e produttivo.

Affrontare il tema della Terra piatta nel contesto attuale significa anche mettere in discussione il rapporto tra realtà oggettiva e percezione soggettiva, e come questo rapporto venga mediato da vari fattori culturali, psicologici e tecnologici. La percezione del mondo non è mai neutra: si costruisce attraverso esperienze personali, educazione, ambiente sociale e i media che consumiamo quotidianamente. Quando una narrazione alternativa come quella della Terra piatta trova terreno fertile, spesso non è perché mancano dati o prove, ma perché il messaggio risuona con bisogni più profondi come il senso di identità, di appartenenza e di controllo in un mondo percepito come complesso e incerto. Questa dimensione emotiva e simbolica rende difficile semplicemente confutare o ignorare tali teorie, richiedendo approcci più sfumati e comprensivi.

Inoltre, la diffusione della teoria della Terra piatta offre uno spaccato interessante su come le comunità digitali si formano e si consolidano attorno a idee condivise, indipendentemente dalla loro validità scientifica. Questi gruppi non sono soltanto spazi di discussione, ma veri e propri luoghi di costruzione identitaria, dove i partecipanti trovano riconoscimento, supporto emotivo e un senso di missione comune. Questo fenomeno si intreccia con le dinamiche di socializzazione digitale, in cui l'appartenenza a una comunità online può influenzare fortemente convinzioni e comportamenti, a volte creando barriere al confronto con punti di vista differenti. Capire queste dinamiche è essenziale per chi si occupa di comunicazione scientifica e sociale, perché la sfida non è solo diffondere conoscenza, ma anche costruire ponti di dialogo tra mondi cognitivi spesso distanti.

Un altro aspetto rilevante riguarda l'effetto delle tecnologie digitali sulla nostra capacità di discernere informazioni affidabili da contenuti ingannevoli o falsi. Algoritmi che personalizzano i flussi informativi, motivazioni economiche legate all'engagement e alla pubblicità online, e la velocità di diffusione dei contenuti contribuiscono a creare un ecosistema informativo frammentato, dove la verità si confonde spesso con la mera opinione. Questo fenomeno ha implicazioni profonde non solo per la scienza, ma anche per la democrazia e la coesione sociale, poiché mina la base comune di conoscenza condivisa su cui si fondano decisioni collettive e politiche pubbliche.

La conversazione intorno alla Terra piatta stimola anche una riflessione sulle modalità di insegnamento e apprendimento nel contesto contemporaneo. Se da un lato è fondamentale fornire competenze critiche e scientifiche già dalle prime fasi dell'istruzione, dall'altro è necessario sviluppare un approccio educativo che valorizzi la capacità di dialogo, la curiosità e l'apertura mentale, senza cadere in rigidità dogmatiche. Questo significa anche riconoscere che il dubbio e la domanda sono strumenti preziosi per la conoscenza, e che la sfida è costruire una cultura scientifica che non si presenti come una verità assoluta imposta, ma come un percorso dinamico, partecipativo e condiviso.

Infine, discutere della Terra piatta oggi serve come stimolo per riflettere sulle responsabilità di tutti gli attori sociali nella costruzione di un ambiente informativo sano e inclusivo. Scienziati, educatori, media, piattaforme digitali e cittadini sono chiamati a collaborare per creare strumenti di informazione e comunicazione che favoriscano l'empowerment delle persone e la resilienza culturale contro la disinformazione. Questo impegno richiede anche un cambiamento di prospettiva: non si tratta solo di combattere idee sbagliate, ma di comprendere le ragioni profonde del loro successo e di rispondere con empatia, trasparenza e rigore, affinché la verità verificabile diventi parte integrante dell'esperienza quotidiana di tutti.

L'importanza di affrontare seriamente il fenomeno della Terra piatta si manifesta anche nel contesto delle trasformazioni sociali e culturali più ampie che caratterizzano la contemporaneità. La diffusione di credenze alternative si inserisce in un panorama segnato da rapide evoluzioni tecnologiche, globalizzazione e mutamenti nei rapporti di potere e autorità. In questo scenario, la capacità di distinguere tra fatti e opinioni, tra evidenze scientifiche e narrazioni soggettive, diventa un prerequisito fondamentale per la partecipazione consapevole alla vita pubblica. Questo significa che il dibattito intorno alla Terra piatta non può essere relegato a un semplice confronto tra verità e falsità, ma deve essere letto come un segnale di tensioni più profonde legate all'epoca digitale, all'infodemia e alle sfide poste dalla post-verità.

Il confronto con la teoria della Terra piatta permette di esplorare anche le dinamiche di potere insite nella produzione e nella legittimazione della conoscenza. Le scienze ufficiali, spesso percepite come lontane o autoreferenziali, vengono messe in discussione non solo sul piano empirico, ma anche in termini di accessibilità e rappresentatività. Il terreno su cui si gioca questa sfida è quindi anche culturale e politico: chi ha diritto di parlare di realtà? Chi decide quali conoscenze sono valide? In che modo la scienza comunica e si rende comprensibile? Queste domande aprono una riflessione necessaria su come costruire processi partecipativi e inclusivi, capaci di riconciliare autorità e ascolto, rigore e apertura.

Inoltre, parlare della Terra piatta significa riflettere sulle conseguenze sociali di un diffuso scetticismo verso la scienza e le istituzioni. La disaffezione e la sfiducia possono infatti alimentare forme di isolamento, radicalizzazione e conflittualità, innescando dinamiche di polarizzazione che indeboliscono la coesione sociale. La sfida è quindi non solo di natura cognitiva, ma anche etica e sociale: costruire comunità resilienti, capaci di dialogo e comprensione reciproca, diventa imprescindibile per affrontare le sfide comuni, dal cambiamento climatico alle crisi sanitarie, dall'innovazione tecnologica ai diritti umani.

Un altro elemento da considerare è il ruolo della libertà d'opinione in un contesto democratico. Garantire a ciascuno il diritto di esprimere le proprie idee è un principio fondamentale, ma si pone anche il problema dei limiti e delle responsabilità di tale libertà. Quando le opinioni si scontrano con fatti verificabili, e quando la diffusione di informazioni false può avere ripercussioni concrete e dannose, la società deve trovare un equilibrio tra tutela della libertà individuale e protezione del bene comune. Questo equilibrio richiede un impegno collettivo e consapevole, fondato su strumenti educativi, normativi e culturali adeguati.

Infine, la discussione sulla Terra piatta apre una prospettiva più ampia sul ruolo della scienza come motore di progresso e come baluardo contro l'ignoranza e la superstizione, ma anche come attività umana fallibile, in continua evoluzione e soggetta a revisione critica. Riconoscere questa complessità può aiutare a costruire un rapporto più autentico e meno conflittuale tra scienza e società, dove il dialogo sostituisce il confronto sterile, e dove la ricerca della verità è un processo collettivo che coinvolge tutti i cittadini, non solo gli esperti. Questa visione partecipativa della scienza è forse la risposta più profonda e duratura alla sfida rappresentata dalla Terra piatta e da altre forme di disinformazione.

Concludendo in modo approfondito, parlare davvero della Terra piatta significa riconoscere che questo fenomeno non è soltanto una curiosità marginale o una semplice bizzarria, ma rappresenta uno specchio di questioni sociali, culturali e cognitive molto più ampie. La diffusione delle teorie terrapiattiste mette in luce il modo in cui la società contemporanea si confronta con la scienza, con l'autorità delle istituzioni e con i processi di formazione della conoscenza. Essa solleva infatti interrogativi fondamentali su come le persone costruiscono la propria visione del mondo, quali sono le fonti di fiducia o sfiducia, e come l'informazione venga gestita, distribuita e recepita in un contesto digitale sempre più complesso e stratificato.

Il dibattito intorno alla Terra piatta quindi si inserisce nel più vasto terreno del pensiero critico e dell'educazione scientifica, sottolineando l'urgenza di promuovere un approccio alla conoscenza che non sia solo trasmissivo, ma dialogico e partecipativo. La scienza, per mantenere il suo ruolo di guida affidabile, deve essere capace di comunicare con chiarezza e umanità, riconoscendo i limiti e le incertezze senza mai perdere la fiducia nell'evidenza e nel metodo rigoroso. Al contempo, la società civile deve coltivare capacità di discernimento, apertura mentale e spirito critico, strumenti indispensabili per navigare nel mare vasto e spesso tumultuoso delle informazioni contemporanee.

Inoltre, affrontare il tema della Terra piatta con serietà aiuta a mettere in evidenza il delicato equilibrio tra libertà di espressione e responsabilità sociale. È necessario comprendere che la libertà di opinione è un valore prezioso, ma che va esercitata nel rispetto della verità e del bene comune, soprattutto in un'epoca in cui la diffusione di false credenze può avere conseguenze reali e tangibili sulla salute pubblica, sull'ambiente, e sulla coesione sociale. La sfida è dunque costruire una cultura in cui la diversità di pensiero conviva con il rigore della verifica, e dove il confronto costruttivo sostituisca la polarizzazione e l'ostilità.

Infine, riflettere a fondo su perché sia importante parlare di Terra piatta significa anche riconoscere il valore della scienza come patrimonio collettivo e come processo dinamico e in continua evoluzione. La scienza non è un dogma immutabile, ma un percorso aperto di scoperta e autocorrezione, che si nutre del confronto, della critica e della partecipazione attiva della società. In questo senso, la sfida della Terra piatta diventa un'opportunità per rafforzare la nostra capacità di dialogo, di ascolto e di costruzione condivisa della conoscenza, elementi essenziali per affrontare insieme le grandi sfide del presente e del futuro.

Nel corso di questo libro abbiamo esplorato il complesso fenomeno della Terra piatta da molteplici angolazioni, partendo dalle sue radici antiche fino alle implicazioni sociali e culturali contemporanee. Abbiamo visto come l'idea di una Terra piatta sia stata una delle prime visioni del mondo nelle civiltà antiche, radicata in miti e modelli pre-scientifici, e come la rivoluzione scientifica abbia dimostrato in modo rigoroso la sfericità del nostro pianeta grazie a figure come Eratostene, Copernico, Magellano e Newton.

Abbiamo quindi analizzato il ritorno del terrapiattismo in epoca moderna, con la nascita di movimenti come la Flat Earth Society e l'influenza di correnti religiose, fino al boom della diffusione digitale nel XXI secolo, in cui piattaforme come YouTube e i social media hanno creato camere dell'eco che amplificano queste credenze. Le principali teorie terrapiattiste sono state dettagliatamente descritte, dall'idea della cupola che racchiude la Terra, alla concezione dell'Antartide come bordo invalicabile, fino all'errata percezione del Sole e della Luna come corpi vicini e non lontani milioni di chilometri.

Abbiamo anche esaminato le "prove" proposte dai sostenitori della Terra piatta, spesso basate su esperimenti amatoriali, osservazioni empiriche superficiali e citazioni decontestualizzate, e le contro-risposte scientifiche rigorose che spiegano la curvatura terrestre, il funzionamento dei satelliti e dei GPS, le fotografie dallo spazio e i metodi di navigazione globale.

Il profilo sociologico e psicologico della comunità terrapiattista è stato affrontato per comprendere chi sono i sostenitori e quali bisogni e motivazioni li guidano, evidenziando il ruolo della sfiducia verso istituzioni e scienza e la psicologia del complotto che alimenta tali credenze. Abbiamo riflettuto sul fascino delle teorie alternative e su come bias cognitivi e il bisogno di unicità spingano molte persone a rifiutare il pensiero mainstream.

In risposta a tutto ciò, è stato sottolineato il valore cruciale dell'educazione scientifica e dello spirito critico, con strategie di ascolto attivo e confronto costruttivo per dialogare efficacemente con chi sostiene idee non supportate da evidenze. Infine, abbiamo compreso perché sia importante parlare di Terra piatta: non per stigmatizzare, ma per difendere il pensiero critico, bilanciare libertà d'opinione e verità verificabile, e prevenire conseguenze sociali negative derivanti dalla disinformazione.

Per approfondire e continuare questo percorso di conoscenza e consapevolezza, qui di seguito alcune risorse utili e aggiornate:

- **NASA (National Aeronautics and Space Administration):** https://www.nasa.gov – Fonte primaria di immagini, dati e spiegazioni scientifiche sul nostro pianeta e sullo spazio.
- **European Space Agency (ESA):** https://www.esa.int – Informazioni dettagliate sulle missioni spaziali europee e sulla geografia terrestre vista dallo spazio.
- **Skeptical Science:** https://skepticalscience.com – Un sito dedicato alla spiegazione scientifica e al debunking delle false credenze scientifiche, compresi i miti legati alla Terra piatta.
- **National Geographic:** https://www.nationalgeographic.com – Risorse e articoli divulgativi sulla geografia, la scienza e l'ambiente terrestre.

- **Scientific American:** https://www.scientificamerican.com – Rivista con approfondimenti scientifici accessibili e aggiornati.
- **The Flat Earth Society:** https://theflatearthsociety.org – Per comprendere direttamente le posizioni del movimento, utile per un confronto critico.
- **Your local or national science museums and planetariums** – Spesso offrono programmi educativi interattivi e visite guidate che possono rafforzare la comprensione della forma e delle dimensioni del nostro pianeta.

Rimanere informati, sviluppare un pensiero critico e dialogare con apertura e rispetto sono strumenti indispensabili per navigare nella complessità del mondo moderno, difendendo la conoscenza e promuovendo una società più consapevole e inclusiva.

www.ingramcontent.com/pod-product-compliance
Lightning Source LLC
LaVergne TN
LVHW010945051026
849532LV00003B/1137